常美花 孙 颖 主编

园林花卉

栽培与养护

第二版

化学工业出版社

·北京·

本书是一本适合园艺工作者及花卉爱好者使用的图文并茂、浅显易懂的书籍。第一章介绍了园林花卉的分类、园林花卉生长发育与环境的关系、园林花卉的繁殖、园林花卉栽培设施、园林花卉的花期调控及无土栽培技术。第二至七章介绍了一二年生花卉、宿根花卉、球根花卉、木本花卉、仙人掌类及水生花卉的栽培与养护技术，并对每一种花卉的形态特征、生活习性、繁育管理、土壤选择、浇水施肥、光照、修剪、花果期管理、越冬避暑以及病虫害防治方法等，进行了详细的叙述。

图书在版编目（CIP）数据

园林花卉栽培与养护／常美花，孙颖主编. —2版. —北京：化学工业出版社，2018.12
ISBN 978-7-122-33159-5

Ⅰ.①园… Ⅱ.①常…②孙… Ⅲ.①花卉-观赏园艺-高等职业教育-教材 Ⅳ.① S68

中国版本图书馆 CIP 数据核字（2018）第 234216 号

责任编辑：黄　滢　孙晓梅　　　　　　　　装帧设计：刘丽华
责任校对：边　涛

出版发行：化学工业出版社（北京市东城区青年湖南街13号　邮政编码100011）
印　　装：中煤（北京）印务有限公司
880mm×1230mm　1/32　印张10¼　字数307千字
2019年1月北京第2版第1次印刷

购书咨询：010-64518888　　　　　　　　售后服务：010-64518899
网　　址：http://www.cip.com.cn
凡购买本书，如有缺损质量问题，本社销售中心负责调换。

定　　价：45.00元

第二版前言

随着人们生活水平的提高，花木生产正在迅猛发展，形势喜人。园林花木栽培已成为人们生活中的一种时尚。养花是门学问，要充分了解各种花卉的习性，这样才能做到科学合理的养护。为此，化学工业出版社于2010年组织编写了《园林花卉栽培与养护》（第一版）。第一版自出版以来，得到了读者的广泛喜爱和欢迎，多次入选国家"农家书屋"。

为了使园艺爱好者更好地掌握园林花卉栽培与养护的知识，笔者翻阅了各种资料并结合种植养护心得和读者在第一版使用过程中提出的宝贵意见和建议，认真总结，推出第二版。第二版在继续保留第一版编写风格的基础上，新增了30多个大众喜爱的、更加"接地气"的花卉养护实例，如紫罗兰、四季报春、朱顶红、八仙花、栀子花、佛手等，全书内容更加丰富实用，成为融科学性、知识性、实用性为一体的科普读物，便于广大养花爱好者、花卉种植户、花木企业员工、养花初学者和园林科技人员在较短的时间内掌握园林花卉常规的栽培与养护技能，拓宽农民朋友的就业之路。希望能与读者一起分享种植养护过程中的心得和乐趣。

本书由常美花、孙颖主编，参编人员有陈涛、冯莎莎、崔培雪、牛艳芬、安丽军、付洪睿、韩兴华、李秀梅、纪春明、黄先涛。

由于笔者水平所限，书中不足之处在所难免，恳请广大读者批评指正。

编　者

目 录

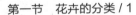 

第二章　常见一二年生花卉的栽培

第三章　常见宿根花卉的栽培

>>> 　第四章　常见球根花卉的栽培

第一章

花卉栽培基础知识

第一节　花卉的分类

花卉的种类极多、范畴广泛，不但包含有花的植物，还包含苔藓和蕨类植物。其栽培应用方式也多种多样，有观赏栽培、标本栽培、生产栽培、无土栽培、切花栽培、盆花栽培等。人们在生产、栽培、应用中为了方便，就需要对花卉进行分类。依据不同的原则对花卉进行分类，就产生了各种分类方案或系统。

一、按生态习性分类

1. 一二年生花卉

（1）一年生花卉　是指在一个生长季内完成生活史的花卉。一年生花卉又称春播花卉，通常在春天播种，夏秋季开花结实，然后于冬季到来前枯死，整个生长过程在一个生长季内完成。此类花卉多产于热带、亚热带，多为短日照植物，不耐低温，如鸡冠花、百日草、万寿菊、一串红等（图1-1）。

百日草   鸡冠花

万寿菊   一串红

图1-1   一年生花卉

（2）**二年生花卉**   是指在两个生长季内完成生活史的花卉。二年生花卉又称秋播花卉，这类花卉通常在秋天播种，当年只进行营养生长，到翌年春夏开花结实，然后枯死。完成整个生命周期常常不足一年的时间，但跨越两个年头。此类花卉耐寒性较强，大都是长日照花卉，多产于温带或寒温带地区。大多数二年生花卉在北方地区秋播幼苗不能露地越冬，如三色堇、瓜叶菊、报春花、虞美人、蒲包花等（图1-2）。

2. **球根花卉**

球根花卉是多年生草本花卉中的一类，在不良的环境条件下，于地上部分枯死之前，地下部分变态膨大形成球状或块状的储藏器官，并以地下球根的形式度过其休眠期（寒冷的冬季或炎热的夏季），至环境条件适宜时再度生长并开花。球根花卉中原产热带、亚热带地区的种类耐寒力差，入冬前需将根、茎挖掘出来置于室内储藏。根据变态根、变态茎的变态形状，球根可分为鳞茎、块茎、根茎、球茎、块根五大类。其繁殖方法多为分球、扦插、播种等。

报春花

三色堇

蒲包花

图1-2 二年生花卉

（1）**鳞茎类** 鳞茎是变态的枝叶，其地下茎短缩，呈圆盘状的鳞茎盘，其上着生多数的肉质变态叶——鳞片。外被纸质外皮的叫有皮鳞茎，如水仙、郁金香、朱顶红。鳞片的外面没有外皮包被的叫无皮鳞茎，如百合（图1-3）。

百合鳞茎   百合花

图1-3 百合形态

（2）**球茎类** 地下茎短缩膨大呈实心球状或扁球形，其上着生环状节，外面有革质外皮，如唐菖蒲、小苍兰等（图1-4）。

唐菖蒲球茎   唐菖蒲花

图1-4 唐菖蒲形态

（3）**块茎类** 地下茎变态膨大呈不规则的块状或球状，如马蹄莲、球根秋海棠、仙客来、大岩桐、晚香玉、花叶芋等（图1-5）。

（4）**根茎类** 地下茎肥大具有明显的节与节间，新芽生长于分枝的顶端，如美人蕉、荷花、睡莲等（图1-6）。

仙客来块茎　　　　　　　　　　　仙客来花

图1-5　仙客来形态

美人蕉根茎　　　　　　　　　　　美人蕉花

图1-6　美人蕉形态

（5）**块根类**　根的变态。由侧根或不定根膨大而成，其功能是储藏养分和水分。块根无节、无芽眼，只有须根，发芽点只存在于根颈部的节上，如大丽花、花毛茛、欧洲银莲花等（图1-7）。

3. 宿根花卉

宿根花卉是多年生草本植物的一部分，地下部分形态正常，不产生变态。越冬时，植株地下根、茎不发生变态。在次年春季，根、茎上的越冬芽开始萌发，形成新的植株。一次栽植可多年受益，多数宿根花卉适宜在寒冷地区生长，冬季有完全的休眠习性，以分株繁殖为主，是园林布置的重要花卉，如芍药、鸢尾、菊花、香石竹、蜀葵和天竺葵（图1-8）。也有不耐寒的宿根花卉，它们冬季叶片保持常绿，但停止生长，呈半休眠状态，如君子兰、花烛、鹤望兰等（图1-8）。

大丽花块根　　　　　　　　　　　　大丽花

图1-7　大丽花形态

君子兰　　　　　　　　　　　　芍药花

图1-8　宿根花卉

4. 多浆及仙人掌类

具有旱生、喜热的生态生理特点，茎叶具有发达的储水组织，肥厚多汁，呈肉质多浆的形态，如仙人掌科、凤梨科、大戟科、菊科、景天科、龙舌兰科等科的一些花卉（图1-9）。

仙人球

龙舌兰

落地生根

红彩云阁（红龙骨）

图1-9　多浆及仙人掌类

5. 室内观叶花卉

大多为性喜温暖的常绿花卉，比较耐阴，适于室内观赏。例如，蕨类：肾蕨、铁线蕨、鸟巢蕨、波士顿蕨等；木本：橡皮树、常春藤、鹅掌木、榕树、南洋杉等；草本：天南星科、竹芋科、凤梨科、百合科等（图1-10）。

天鹅绒竹芋

红掌

榕树

图1-10　室内观叶花卉

6. 兰科花卉

兰科是一个非常大的科，全科有20000多个种，其特点是花由三枚花瓣、三枚萼片和一个蕊柱构成。蕊柱是由雌蕊和雄蕊结合在一起形成的。雌蕊、雄蕊合一的蕊柱是兰科花卉特有的构造。常见的兰花有春石斛兰、胡蝶兰、卡特兰、大花蕙兰等（图1-11）。

蝴蝶兰

大花蕙兰

春石斛兰

卡特兰

图1-11 兰科花卉

7. 水生花卉

生长在水中或沼泽地中的花卉，用于装点池塘、湖泊、河流等水体。北方地区水生花卉种类较少，且多处于野生、半野生状态，如睡莲、荷花等（图1-12）。

荷花   王莲

图1-12　水生花卉

8. 木本花卉

主要以赏花为主的木本花卉，如牡丹、杜鹃、月季、八仙花等（图1-13）。

牡丹   杜鹃

图1-13　木本花卉

二、按主要观赏部位分类

1. 观花类

以赏花为主的花卉，如芍药、杜鹃、仙客来、百合、矮牵牛等（图1-14）。

百合 矮牵牛

图1-14 观花类花卉

2. 观果类

以观果为主的花卉，如金橘、五彩椒、佛手（图1-15）。

五彩椒 佛手

图1-15 观果类花卉

3. 观叶类

以观叶为主的花卉，如绿萝、橡皮树、龟背竹、竹芋等（图1-16）。

绿萝   龟背竹

图1-16　观叶类花卉

4. 观茎类

以观茎为主的花卉，如光棍树、竹节蓼、麒麟掌类（图1-17）。

光棍树   麒麟掌

图1-17　观茎类花卉

三、按主要用途分类

1. 切花类

栽培目的是剪取切花，如唐菖蒲、月季、香石竹、菊花、百合等（图1-18）。

香石竹切花　　　　　　　　菊花切花

图1-18　切花类花卉

2. 盆花类

以盆栽观赏为目的，如一品红、蟹爪兰、瓜叶菊、杜鹃等（图1-19）。

一品红盆花　　　　　　　　杜鹃盆花

图1-19　盆花类花卉

3. 地栽类

用于露地栽培，布置花坛、花台、花境或点缀园景用，多以草花为主（图1-20）。

万寿菊地栽

仙人掌类地栽

图1-20　地栽类花卉

四、按对环境条件的要求分类

1. 按对水分的要求分类

（1）水生花卉 全部或根部必须生活在水中的花卉，如荷花、王莲、睡莲、芡实、金鱼藻等。

（2）湿生花卉 根部生于潮湿或集有浅水的土中，地上部均生长在空气中，在深水中不能生长，如马蹄莲、风车草等（图1-21）。

彩色马蹄莲

风车草

图1-21 湿生花卉

（3）中生花卉 大多数花卉都属于此类，既不耐干旱也不耐水淹（图1-22）。

郁金香

虞美人

图1-22 中生花卉

（4）**旱生花卉**　有很强的抗旱能力，能较长期的忍耐干旱，只有很少的水分便能维持生命或进行生长，如仙人掌类、多浆类（图1-23）。

景天科长生草　　　　　　　　　　大戟科龙骨

图1-23　旱生花卉

2. 按对温度的要求分类

（1）**耐寒花卉**　大多原产于高纬度及高山地区，性耐寒而不耐热，冬季能忍受−10℃的低温，如牡丹、芍药、丁香、榆叶梅、龙胆等（图1-24）。

牡丹　　　　　　　　　　　　　龙胆

图1-24　耐寒花卉

（2）**喜凉花卉** 在冷凉气候条件下生长良好，不耐严寒、不耐高温，如菊花、三色堇、雏菊、紫罗兰等（图1-25）。

三色堇　　　　　　　　　　　　菊花

图1-25 喜凉花卉

（3）**中温花卉** 一般耐轻微的短暂霜冻，长江以南在露地能安全越冬，如苏铁、山茶、杜鹃、金鱼草和报春花等（图1-26）。

苏铁　　　　　　　　　　　　山茶

图1-26 中温花卉

（4）**喜温花卉** 性喜温暖而不耐霜冻，一般5℃以上能安全越冬，如叶子花（三角梅）、茉莉、瓜叶菊、蒲包花等（图1-27）。

（5）**耐热花卉** 大多原产于热带、亚热带，喜温暖，能耐40℃的高温，但极不耐寒，如变叶木米兰、凤梨、竹芋等（图1-28）。

叶子花

瓜叶菊

图1-27　喜温花卉

米兰

青苹果竹芋

图1-28　耐热花卉

3. 按对光照的要求分类

（1）按对光照强度的要求分类

① 喜光花卉。只有在全光照下才能生长发育良好，并能正常开花结实，如月季、茉莉及仙人掌类（图1-29）。

② 耐阴花卉。在充足的直射光下生长良好，但能忍受不同程度的荫蔽，如山茶、米兰、桂花、杜鹃、菊花、天竺葵等（图1-30）。

③ 喜阴花卉。只有在一定的荫蔽条件下生长良好，适于在散射光下生长，如蕨类、玉簪、蜘蛛抱蛋属、秋海棠属等（图1-31）。

茉莉花

月季花

图1-29 喜光花卉

天竺葵

桂花

图1-30 耐阴花卉

鸟巢蕨

铁线蕨

图1-31 喜阴花卉

（2）按对光照长度的要求分类

① 短日照花卉。一般每天的光照短于12小时，花芽才能正常分化与发育，如一品红、蟹爪兰、菊花（图1-32）。

蟹爪兰　　　　　　　　　　　　　一品红

图1-32　短日照花卉

② 长日照花卉。每天光照时数在12小时以上，花芽才能正常分化与发育，如八仙花、唐菖蒲、大丽花等（图1-33）。春天开花的大多数属于长日照花卉。

大丽花　　　　　　　　　　　八仙花（绣球）

图1-33　长日照花卉

③ 中日照花卉。花芽的分化与发育不受日照长短的影响，只要条件适宜，生长到一定时间便能开花，有些花卉甚至周年开花，如月季、四季海棠、仙客来、香石竹、矮牵牛、扶桑等（图1-34）。

四季海棠

朱槿（扶桑）

图1-34　中日照花卉

第二节　花卉生长发育与环境的关系

花卉的生长发育过程主要受遗传因素和生态环境所控制。遗传因素是指由遗传基因决定的特征和特性，如仙客来花形、米兰的香味、君子兰常绿性、杜鹃喜酸性等。生态环境是指温度、湿度、光照、水分、土壤等环境因素。

如果充分了解某种花卉在其生长发育过程中所表现出来的生物学特性和生态习性，然后给它们提供最适合的生态环境，这样我们就能够培育出高品质的花卉。

一、花卉生长发育过程

1. 年周期

（1）草本花卉的个体发育过程（生命周期）　种子萌发→幼苗生长→开花→结实→死亡（一二年生花卉）。

生长是指花卉体积和重量不可逆的增加，多用来指营养生长。发育强调花卉的质变，常常指生殖生长，如成花、开花、结实的过程。

（2）球根花卉的个体发育过程（年周期）　球根发芽→生长→开花→地上部枯死，地下部进入休眠。

（3）常绿花卉的个体发育过程（年周期）　在适宜的条件下，几乎周年都能生长，无休眠期，如吊兰、文竹、万年青等。

冬天生长微弱呈半休眠状态，如变叶木。

（4）木本花卉的个体发育过程（年周期）春天萌芽→生长→开花→落叶→休眠，如牡丹、碧桃等。

（5）宿根花卉 春天萌芽→生长→开花→地上部枯萎→地下部休眠，如芍药、蜀葵等。

2. 生命周期

幼小期→成年期→衰老期→死亡。

二、花卉生长发育特性

1. 花前成熟期

花卉生长到一定大小或株龄时才能开花，我们把开花前的这段时期称为"花前成熟期"。

一二年生花卉的花前成熟期很短。常绿花卉、木本花卉的花前成熟期较长，如君子兰、大花蕙兰、牡丹、扶桑等。生产上要尽量缩短花前成熟期。

2. 地上部、地下部的相关性

地上部叶片制造碳水化合物，供根系的生长发育。地下部根系吸收水分和矿物质，供地上部的生长发育。二者缺一不可，因此有"根深叶茂、叶茂根深"之关系。若摘掉一部分叶片会减少根的生长量，摘除一部分花果则会促进根的生长。

3. 枝叶生长与开花的相关性

枝叶生长是开花的基础，枝叶只有达到一定的生长量，植物才能开花。枝叶生长旺盛，花多而艳，否则花小不鲜，甚至不开花。开花反过来影响枝叶生长，杜鹃开花期新梢生长量很小，开花之后才能恢复生长。

三、花芽分化

对于观花花卉，我们更多关注的是开花，从外部形态上看，花卉长到一定大小就会开花，但实际过程要复杂得多，要经过花的发生、花芽分化与发育，然后才能开花。影响花芽分化的因素如下。

1. 光照

花卉按其花芽分化对光照的要求分为长日照花卉、中日照花卉和短日照花卉。长日照花卉要求每天的光照时间长于12小时才能正常开花，如唐菖蒲、大丽花、天竺葵等。短日照花卉要求每天的光照时间短于12小时才能正常开花，如一品红、蟹爪兰、菊花等。中日照花卉对光照时间的长短不敏感，只要温度合适，一年四季都可以开花，如月季、扶桑、矮牵牛等。

2. 温度

花卉种类不同，对花芽分化要求的温度也不同。二年生的草花在较低的温度下进行花芽分化，如三色堇、虞美人、金鱼草等。

木本花卉及部分球根花卉在较高的温度下进行花芽分化，如杜鹃、山茶、牡丹、郁金香、风信子、唐菖蒲、美人蕉等。

3. 水分

水分在适宜的范围内，花卉的营养生长较旺，不利于花芽分化，而适度的土壤干旱能抑制营养生长，有利于花芽分化。

4. 碳氮比（C/N）

即"碳水化合物/含氮化合物"的比值。合适的C/N有利于花芽分化。

5. 激素平衡

花卉体里各种激素达到一种相对平衡的状态，才能进行花芽分化。

四、生态环境对花卉生长发育的影响

花卉的生长发育是遗传基因和外界环境条件综合作用的结果。对于确定的花卉种类，外界环境是影响其生长发育的主要因子。地球上有不同的自然环境，也就有各种不同的生态条件，生长着与之相适应的各种不同生态要求的花卉。园林花卉栽培的关键就是掌握它们的生态习性，并充分满足它们的要求，达到应有的栽培目的。

1. 温度对花卉生长发育的影响

（1）最适温度是花卉生长发育需要的温度

> 温度变化：冷致死点←最低点←最适点→最高点→热致死点
> 花卉变化：死亡　生长减慢　生长最快　生长减慢　死亡

在一定的温度范围内，花卉才能正常生长，这个范围因花卉的种类和生长阶段而异。在适宜温度条件下，生长发育最快。环境温度逐渐提高或降低，生长逐渐减慢，到达生长发育的最高或最低温度时，生长将停止，这时生命还在，温度继续升高或降低，花卉将死亡。

> 高山花卉最适生长温度一般为10℃左右。
> 温带花卉最适生长温度一般为15～25℃。
> 热带、亚热带花卉最适生长温度一般为30～35℃。

（2）不同生长阶段对温度的要求不同　一二年生花卉播种期要求温度较高（大部分花卉的种子发芽温度在20～25℃），幼苗期要求温度较低，旺盛生长期要求温度较高，开花结实期要求温度相对较低（有利于延长花期和子实成熟）。

（3）昼夜温差　原产温带的花卉要求最适的昼夜温差，而原产于热带的花卉，如许多观叶花卉则在昼夜一致的条件下生长最好。

（4）温度影响花卉的发育过程（开花）

① 二年生花卉、宿根花卉中早春开花的种类需要通过一段时间的低温才能成花，这种低温对花卉成花的促进作用叫作春化作用。

② 木本花卉、秋植球根花卉夏季高温期进行花芽分化，而在开花前需要一定时期的低温刺激，以低温打破花芽的休眠，这种需要低温阶段才能开花的现象也称为春化作用。不同的花卉需要的低温量不同，天数也不同。

2. 光照对花卉生长发育的影响

（1）对枝叶生长的影响　喜光花卉在阳光充足的条件下才能正常生长发育，如果光照不足则枝条纤细、叶片薄而黄、花小而不艳，如月季、菊花、一串红、苏铁、橡皮树等。

耐阴花卉在适度荫蔽的条件下生长良好，如果阳光直射，会使叶片焦黄枯萎，长时间阳光直射会造成死亡，如蕨类、兰科花卉、天南星科花卉等。

中性花卉对光照强度的要求介于上述二者之间，既不很耐阴又怕夏季强光直射，如萱草、杜鹃、山茶、倒挂金钟等。

（2）**光强影响花色**　光照对花青素形成有重要影响，花青素在强光、直射光下易形成，而弱光、散射光下不易形成。所以在光照充足的条件下，花色艳丽，高山花卉较低海拔花卉色彩艳丽，同一花卉栽在室外较室内开花色彩艳丽。

3. 水分对花卉生长发育的影响

（1）**空气湿度对花卉生长发育的影响**　花卉不仅要求适宜的土壤含水量，而且要求一定的空气湿度才能生长良好。

① 不同的生长发育阶段对空气湿度的要求不同。

一般来说，花卉在枝叶生长阶段对空气湿度的要求大，开花期要求低，结实和种子发育期要求更低。

② 不同的花卉对空气湿度的要求不同。

> a. 原产干旱、沙漠地带的仙人掌类花卉要求空气湿度小。
> b. 原产热带雨林的观叶花卉要求空气湿度大。
> c. 湿生花卉，附生花卉，一些蕨类、苔藓类花卉，凤梨科花卉，食虫花卉及气生花卉对空气湿度要求大，这些花卉向温带及山下低海拔地区引种时，其成活与否的主导因子就是能否保持一定的空气湿度。

（2）**土壤水分对花卉的影响**

① 对生长的影响。种子发芽需要的水分较多，幼苗期需水量减少，随着生长，植株对水分的需求量逐渐增多。栽培时要注意保持合

适的土壤含水量。

② 对发育的影响。花芽分化要求一定的水分供给，适当地控制水分可以控制一些花卉的枝叶生长，促进花芽分化，球根花卉尤其明显。一般情况下，球根含水量少，花芽分化早。所以同一种球根花卉生长在沙地上，其球根含水量低，花芽分化早，开花早；而生长在湿润的土地上，则开花晚。

（3）水质对花卉生长发育的影响　浇花用水的含盐量和酸碱度对花卉生长发育有很大的影响。

水中可溶性盐总量和主要成分决定了水质。长期使用高盐度水浇花，会造成一些盐离子在土壤中积累，影响土壤的酸碱度，进而影响养分的有效性。

水中可溶性盐含量用电导率EC值表示，EC的单位为mS/cm（毫西门子/厘米），浇花用水的EC值＜1毫西门子/厘米，pH值以6～7为宜。

（4）水质调节

① 含盐量高的水，需用水处理设备净化后使用。

② 自来水，可先晾水，使氯气挥发，同时改变水温，对花卉生长有益。

③ 使水酸化：柠檬酸、醋酸、正磷酸、磷酸、硫酸亚铁都可以用来酸化水。

④ 雨水最适合浇花，清洁的河水、池塘水也较适合浇花。

4. 空气成分对花卉生长发育的影响

空气中的主要成分有O_2（21%）、N_2（78%）、CO_2（0.03%）、其他气体等。

（1）二氧化碳（CO_2）　增施CO_2可以提高光合效率，一般温室中CO_2可以维持在1000～2000毫升/米^3。

（2）氧气（O_2）　在自然条件下，空气中的O_2不会对花卉地上部生长造成影响，而土壤中的O_2含量常常成为地下器官呼吸作用的限制因子。当O_2浓度为5%时，根系可以正常呼吸，低于这个浓度，呼吸速率降低，当土壤通气不良，O_2浓度低于2%时，就会影响花卉的呼吸和生长。尤其是附生兰类，要求栽培基质有很强的通气性。

（3）氮气（N_2）　N_2对大多数花卉没有影响，但对豆科花卉（具有根瘤苗）及非豆科但具有固氮根瘤菌的花卉是有益的。它们可以利用空气中的N_2生成氨或氨盐，经土壤微生物的作用后被花卉吸收。

（4）其他气体

① 二氧化硫（SO_2）。SO_2是我国当前的主要的大气污染物，也是全球范围造成花卉伤害的主要污染物。火力发电厂、黑色和有色金属冶炼、炼焦，以及合成纤维、合成氨工业是SO_2主要的排放源。对SO_2敏感的花卉：向日葵、紫花苜蓿、矮牵牛、波斯菊、玫瑰、唐菖蒲、月季、天竺葵等。

② 氟化氢（HF）。氟化物中毒性最强、排放量最大的是氟化氢。主要来自炼铝、磷肥、搪瓷等工业。比SO_2毒性强10～100倍。对HF敏感的花卉：地衣类、唐菖蒲、郁金香、杜鹃、梅花等。

③ 氯气（Cl_2）。Cl_2毒性比SO_2强2～4倍。对Cl_2敏感的花卉：百日草、波斯菊、珠兰、茉莉等。

④ 氨气（NH_3）。在保护地中大量使用肥料会产生氨气，含量过高对花卉生长不利。当空气中氨气含量达到0.1%～0.6%，就会发生叶缘烧伤现象。使用尿素也会产生氨气，最好使用后盖土或浇水，以免发生氨害。

⑤ 臭氧、过氧乙酰硝酸酯、乙烯、硫化氢等。

5. 土壤条件对花卉生长发育的影响

（1）土壤质地　大多数花卉要求土壤疏松肥沃，兰花要求用苔藓和树皮块进行栽植。

（2）土壤酸碱度　不同的花卉对土壤的酸碱度要求不同，大多数花卉在中性至偏酸性（pH 5.5～7.0）的土壤中生长良好，但有些花卉要求强酸性。根据花卉对土壤酸碱度的要求不同，可分为以下四种类型。

① 耐强酸性花卉。要求土壤pH值为4.0～6.0，如杜鹃、山茶、栀子、兰花、彩叶草和蕨类花卉（pH 4.5～5.5），八仙花（pH 4.0～4.5），凤梨（pH 4.0）等。

② 酸性花卉。要求土壤pH值为6.0～6.5，如百合、秋海棠、茉莉、棕榈科花卉等。

③ 中性花卉。要求土壤pH值为6.5～7.5，绝大多数观赏花卉属于此类。

④ 耐碱性花卉。要求土壤pH值为7.5～8.0，如石竹、仙人掌、玫瑰、天竺葵等。

第三节　花卉的繁殖

一、播种繁殖

播种繁殖又称有性繁殖，是通过播种种子来培育新植株的方法。其优点是简单易行、繁殖系数大，适宜大规模苗木生产。通过种子繁殖出的幼苗称实生苗。实生苗具有双亲的遗传物质，根系发达完整，入土深，生长旺盛健壮，后代具有更强的生活力和变异性，对环境的适应能力强。缺点是种子繁殖与无性繁殖的花木相比，开花、结实期要长，一些通过异花授粉的花卉可能继续携带双亲中的致病基因，容易发生变异，由于基因重组，其后代有不同程度的退化现象，不一定能保持双亲中的优良性状。

1. 种子来源及发芽条件

（1）花卉种子的来源　种子是有生命力的生产资料，可以购买、采收、交换。

（2）种子层积处理　大多数种子采收后处于休眠状态，解除休眠常用的方法是层积处理。层积处理是指将种子放于低温、湿润的条件下，经过一段时间的处理打破其休眠。

层积处理的基质是干净的河沙。多数花卉层积处理的适温为3～5℃。湿度约50%，即以河沙手握成团但不滴水、用手触碰即散为宜。处理时间因花卉种类的不同而不同。方法如下（图1-35）。

（3）种子发芽条件

① 水分。吸收充足水分。

② 温度。20～25℃。

③ 氧气。供氧不足妨碍种芽萌发。

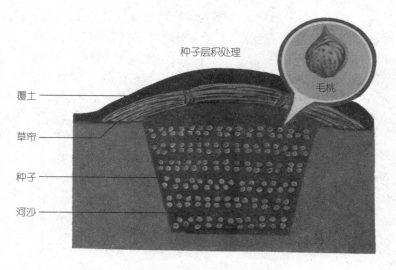

种子层积处理

毛桃

覆土

草帘

种子

河沙

图1-35 层积处理方法
（按种子的多少挖沟，沟底铺一层干净的河沙，厚度10厘米，然后一层种子一层河沙相间放置，最上面用河沙将沟填平并做成拱形，拱形上面用草帘覆盖，草帘上面再用土覆盖。如果种子量大，可以竖草把以通气）

④ 光照。大多数种子发芽与光照无关，部分喜光种子需光，嫌光种子不需光。

例如，仙客来发芽温度为20℃，需21～35天发芽；一串红发芽温度为20～25℃，需10～15天发芽；百日草发芽温度为20～25℃，需3～7天发芽；万寿菊发芽温度为20～25℃，需5～8天发芽。

2. 种子的采收与储藏

（1）种子的采收 种子品质的优劣直接影响花卉的质量。采集花卉种子时，要选择花色、株形、花形好，并且生长健壮、无病虫害的植株留种作母株。

不同花卉种子的成熟期因花卉本身的生长特性不同而不同。同时，受当年气候的影响，种子成熟的日期也会有所变化。采种前，首先要确定种子是否成熟。鉴别种子是否成熟的方法主要是看果实外部的颜色。另外，各种成熟种子都有各自特有的特征，如种皮坚硬，种仁干燥、坚实并具固有气味，这些都是种子成熟的标志。采种必须掌握好时机，过早过晚都不好。过早，种子发育不良，发芽率低；过晚，种子自然脱落，不利于采收。采集大粒种子时，可用手直接采摘果实；采集小粒种子时，可用枝剪将果穗剪下，然后再收集种子。

（2）**种子的处理**　采集种子后，根据不同果实类型，可采用不同的脱粒方法。一般先将果实放置于日光下晾晒，有的果皮可以自然裂开，种子自行脱出；有的需要用棍棒敲打、揉搓，使种子脱出，然后再清除果皮等杂质即可。浆果类果实需将果实放在盆内，用手揉搓后，加水搅拌，种子即可沉入水底，然后将杂质清除，取出种子晾干。

脱粒后的种子还需要精选。可以使用簸箕将种子中的杂质簸出，或者通过粒选分级。精选后经晾晒的种子，要求含水量达到一定标准后，才能入库保存。

（3）**种子的储藏**　一般情况下，新采收并且储藏管理得当的种子，具有很高的发芽率。随储藏年限的增加，种子发芽率会逐渐降低，直至丧失生命力。

花卉种类不同，其种子的寿命长短有很大的区别。有的种子寿命仅1年左右，而有的长达4～5年，甚至更长。一般种皮坚硬，透气、透水性差的种子寿命相对较长。除此以外，储藏方法对种子的寿命也有很大影响。

常见花卉的种子储藏方法有以下几种。

① 干藏法。干藏法适于储藏一二年生花卉的种子。将种子装入布袋或纸箱等容器中，在凉爽、通风、干燥的环境下，分层摆放，定期检查。

② 密封储藏法。密封储藏法是把经过充分干燥的种子装入玻璃瓶类的容器中，密封后放在低温条件下保存。密封储藏可以降低种子的呼吸作用，有利于延长种子寿命。

③ 湿藏法。湿藏法适用于含水量高、休眠期长、需催芽的种子。将种子与湿沙子按1∶3的比例混拌均匀。种子较多时，可混沙沟藏。挖1米深、1米宽的沟，长度根据种子数量而定。沟底铺10厘米厚湿沙，上面堆放40～50厘米厚混沙的种子，种子上再覆盖20厘米的湿沙，最后上盖10厘米厚的土。每隔1米设一通气孔，防止种子霉烂。

种子量少时，可装入木箱放在室内。混沙种子堆积厚度不超过50厘米，并注息保持土壤湿润。为防止内部升温，要经常翻动。

3. 种子播前处理

优良种子是花卉栽培的重要保证。优良种子种粒大、充实饱满，内含养分充足，胚发育健全，发芽率高。种子的生活力除了与储存时间有关外，还取决于种子的内因和储藏条件。花卉种子不同，其寿命长短差别很大。

在适合的温度、空气、水分条件下，大多数种子都能顺利发芽，但仍有少数种子需经处理打破种子休眠，才能发芽。

种子发芽温度因花卉种类不同而异。一般花卉种子萌发适宜温度为15 ～ 25℃，个别的可达30℃。温度过高，可造成苗木徒长；温度过低，发芽缓慢，消耗种子营养，影响幼苗生长。

种子萌发首先要吸收适量的水分。种子内储存的养分在有水参与的条件下，才能分解、转化，输送到胚，进而开始生长。水分过多，则影响空气流通，容易引起种子霉烂；水分不足，则发芽缓慢。为促进种子萌发，最好播前进行浸种。

空气是种子养分分解、转化的重要条件。种子发芽时必须保证充足的空气供应。当苗床灌水过多时，会造成土壤中空气缺乏，容易引起种子腐烂。

除此以外，播种前还要对种子进行消毒处理。播种前对种子进行消毒处理是防止苗木病虫害的有效措施。主要消毒方法是利用化学药剂浸种。常用的药品有高锰酸钾、硫酸铜、福尔马林等。日光照射及热水浸种也是有效办法。对种子进行处理的目的主要是促进种子发芽。休眠期短或者不休眠的种子可用水浸法。播种前，用冷水或者40℃左右温水浸泡种子，浸种时间取决于种粒大小和种子吸水的速度。待种子膨胀后，即可将种子捞出，以保湿催芽。对休眠的种子可以使用沙藏法处理。通过沙藏的低温、温润条件打破种子休眠。沙藏时间因种子不同而异，一般大粒种子可在秋季播种，其作用与沙藏相同。

4. 播种

（1）播种时期

① 春播。从土壤解冻后开始，以2 ～ 4月为宜，主要是一年生花

卉、不耐寒花卉。

② 秋播。多在8、9月至冬初土壤封冻前，主要是二年生花卉、耐寒花卉。

③ 随采随播。温室花卉（保护地内）。

（2）播种方式　如图1-36所示。

(a) 大田直播（选择有机质较为丰富、土地松软、排水良好的沙质壤土。将土地平整以后，用播种机进行播种）

(b) 苗床播种（将土地平整并做成育苗床，在苗床上进行人工播种。大粒种子多用点播和条播法，小粒种子适于撒播）

(c) 穴盘播种（将疏松肥沃的基质装入穴盘内，每一穴内播种一粒或两粒种子，先用竹签扎一个孔，然后将种子播于孔内并覆土，厚度为种子大小的3~5倍，最后浇水，最好用浸盆法浇水）

(d) 种苗生长情况（当种苗长出2~3片真叶时即可移栽）

图1-36

(e) 育苗盘播种（育苗盘播种常用撒播法，适于细小种子，用细筛筛过的土盖，厚度为种子大小的2~3倍）

图1-36　播种方式

（3）播种深度　播种深度一般为种子横径的2～5倍（图1-37）。在不妨碍种子发芽的前提下，以较浅为宜。为保持湿度，可在覆土后盖稻草、地膜等。

种子发芽出土后撤除覆盖物。

图1-37　播种深度

（图中第一种情况深度适宜，芽苗健壮生长；第二种情况过深，影响芽苗出土；第三种情况过浅，芽苗不能正常生长）

（4）播后管理

① 密切注意土壤湿度的变化，土壤干燥要及时喷水。

② 及时去除畦内或垄上的覆盖物。

③ 适时松土和除草。

④ 及时进行间苗、移栽。

⑤ 在幼苗生长过程中，要注意灌水和施肥。发现病虫害，要及时防治。

⑥ 木本砧木，当幼苗长到高30厘米左右时，要适时进行摘心以利加粗生长，尽快达到嫁接所需粗度，并除去苗干基部5～10厘米处的副梢，以保证嫁接部位光滑。

二、扦插繁殖

扦插繁殖是利用花卉营养器官（茎、叶、根）的再生能力，将其从母体上切下并插入基质中，在适宜的条件下促使其发生不定芽和不定根，成为新植株的繁殖方法。

1. 扦插方法

根据扦插材料及插穗成熟度不同，将扦插分为硬枝扦插、软枝扦插、叶插、水插和根插等。

（1）**软枝扦插**　用当年生、发育充实的嫩枝进行扦插。适用于某些常绿花卉、落叶木本花卉和部分草本花卉。时间为生长季。在温室条件下，不论草本还是木本花卉均可随时进行，但以6～8月为最适时期。方法是选取枝梢顶部并剪成5～10厘米的茎段，每段至少留3节，剪去下部叶片，仅留顶部2个叶片，插入基质中，深度为插条的1/3～1/2。以菊花扦插为例进行图解说明（图1-38）。

插后管理：放阴凉处，遇天气干旱可喷水降温，每日喷1次水，20天后扦插的叶片由灰绿转为鲜绿，由萎蔫变得坚挺，说明插穗已生根，再过数日便可分盆。

（2）**硬枝扦插**　用已经木质化的枝条进行扦插。木本花卉通常适于硬枝扦插。时间为休眠期。方法是选取生长充实、无病虫害的一二年生枝条，剪成15～20厘米的茎段，每段至少留3节，插入基质中，深度为插条的1/3～1/2（图1-39）。

(a) 扦插前准备工作（在作业开始前3~4天，喷杀虫剂和杀菌剂）

约2.5厘米

约15厘米

(b) 插穗摘取（ 在侧枝顶端剪取15厘米长的插穗）

(c) 浸泡（ 用水浸泡可以减轻摘芽后引起的枯萎程度）

(d) 插穗的制作（取顶部5厘米的嫩尖作为插穗）

(e) 用生根粉处理插穗（用生根粉涂抹插穗基部或用生根粉溶液浸泡插穗基部）

(f) 插穗苗床的准备（用育苗箱作为苗床，底部垫1厘米厚的颗粒土，上面铺上草炭土，将土壤用水淋透）

(g) 挖好插穗孔（用圆珠笔筒挖穴，株行距4厘米，深度3厘米）

(h) 扦插和浇水（将插穗下部插进穴中，用手指将基部泥土压紧，并将倒伏的插穗扶正，整理好以后，用水充分将苗床上的插穗淋湿）

图1-38　菊花扦插

(a) 采集插条（将插穗剪成15~20厘米的茎段，并用生根粉进行处理）

(b) 硬枝扦插（将插穗下部插进基质中，用手指将基部泥土压紧，用水充分将苗床上的插穗淋湿）

图1-39　硬枝扦插

（3）叶插　适用于能自叶上发生不定芽及不定根的种类。凡能进行叶插的花卉，大都具有粗壮的叶柄、叶脉或肥厚的叶片。叶插须选取发育充实的叶片，在设备良好的繁殖床内进行，维持适宜的温度及湿度，才能得到良好的结果。

① 紫罗兰叶插见图1-40。

(a) 剪取叶片（剪取生长健壮、叶色浓绿的成年叶片，且从叶柄基部剪取）

(b) 用于全叶扦插的叶片

图1-40

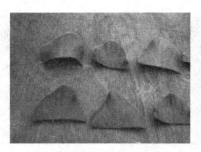

(c) 用于半叶扦插的叶片（将叶片从中部剪下，只要叶片上半部）　　(d) 扦插于干净的河沙中（将剪好的叶片插于河沙中，用喷壶浇透水并放置在荫蔽的环境中）

图1-40　紫罗兰叶插

② 百合鳞片扦插见图1-41。

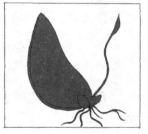

(a) 掰取鳞片（选择充实健壮、解除休眠的鳞茎，将其鳞片掰下）　　(b) 插于基质中（将鳞片以45度角斜插于基质中，深度为鳞片的1/3～1/2）　　(c) 长出新的鳞茎（当鳞片基部长出小鳞茎时，将小鳞茎掰下进行重新定植）

图1-41　百合鳞片扦插

③ 虎尾兰叶插见图1-42。

④ 仙人掌类的扦插见图1-43。

仙人掌类花卉的叶片大多都变为针刺，茎肉质，储藏有大量的水分，所以在扦插时需要晾干伤口，否则在生根期易腐烂。

（4）水插　有些花卉插条剪下后可以先浸泡在清水中，等插条生根后再扦插，如富贵竹（图1-44）、旱伞草、绿萝、扶桑等。

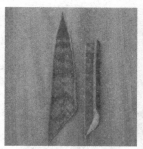

(a) 剪取插穗（选择充实健壮的
插穗剪下，并剪成长
10~15厘米）

(b) 扦插（扦插时要注意区分顶端和
基端，顶端在上，不要倒插。深度
为插条的1/3）

(c) 浇水（插后要浇水，一定要
浇透，并放在阴凉的地方）

(d) 成活情况（插后2~3个月就会
从插条基部长出新的植株）

图1-42 虎尾兰叶插

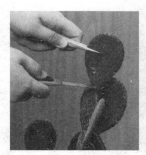

(a) 剪取掌状茎
（用镊子钳住掌状茎以后，
用利刃从茎基部割下来）

(b) 晾干掌状茎的伤口（将掌
状茎切下后，在自然条件下
晾3~4天，使伤口干燥）

(c) 扦插（将掌状茎插于
基质中，深度为掌状茎高
度的1/3）

图1-43 仙人掌扦插

(a) 剪取插条（结合修剪，剪取健壮的富贵竹枝梢顶端20厘米左右）

(b) 插入水瓶（选一个玻璃瓶，盛上清水，将插条基部2~3厘米浸入水中，每2~3天换水1次，20天左右生根，生根后即可上盆）

图1-44　富贵竹水插

（5）**根插**　（见图1-45）。

图1-45　根插

（有些植物根系容易产生不定芽，可以用根插法进行繁殖）

2. 扦插生根的环境条件

（1）**温度**　扦插适宜温度大致与其发芽温度相同。多数花卉的软枝扦插宜在20～25℃之间进行；热带花卉可在25～30℃之间进行；耐寒性花卉扦插温度可稍低。基质温度（地温）需稍高于气温3～6℃，因为地温高于气温时，可促进根的发生，气温低则有抑制枝叶生长的作用。

（2）**湿度**　插穗在湿润的基质中才能生根，通常以50%～60%的土壤含水量为宜。为避免插穗枝叶中水分的过分蒸腾，要求保持较高的空气湿度，通常以80%～90%的相对湿度为宜。

（3）**光照**　软枝扦插一般都带有顶芽和叶片，并在日光下进行光合作用，从而产生生长素并促进生根。但强烈的日光也对插穗成活不利，因此在扦插初期应给予适度遮阴。

（4）**氧气**　当愈伤组织及新根发生时，呼吸作用增强，因此要求扦插基质具备供氧的有利条件。河沙、泥炭及其他疏松土壤可作为适宜的扦插基质。扦插不宜过深，愈深则氧气愈少。通常靠盆边扦插者容易生根，即因氧气供应较多之故。

三、分株繁殖

分株繁殖是多年生花卉的主要繁殖方法。其特点是简便、容易成活，新植株能保持母株的遗传性状。但其繁殖系数低于播种繁殖。

1. 分株

将母株掘起分成数丛，每丛都带有根、茎、叶、芽，另行栽植，培育成独立生活的新植株的方法。宿根花卉通常用此法繁殖。一般早春开花的种类在秋季生长停止后进行分株；夏秋开花的种类在早春萌动前进行分株。

分株繁殖根据花卉器官不同又可以分为分根蘖、分茎蘖、分走茎、分匍匐茎等。

（1）**分根蘖**　根蘖是从根上产生的萌蘖苗，分根蘖方法如图1-46所示。

(a) 剪取插条（将萌蘖从母
株的根部剪下）

(b) 栽植（将剪下的萌
蘖重新栽植）

图1-46　根蘖分株

（2）分茎蘖　茎蘖是从茎上产生的萌蘖，春石斛的分茎蘖繁殖方法如图1-47所示。

(a) 母株（将母株从盆里取出）

(b)根系修剪（将老根、枯死根剪掉）

(c)切分子株（用利刀将植株分割成若干小丛）

(d) 上盆（切割后立即上盆）

图1-47　春石斛茎蘖分株

（3）分走茎　走茎是叶丛中抽生出来的节间较长的茎，节上着生叶、花及不定根，也能产生幼小植株。分离小植株另行栽植即可形成新植株。吊兰的分走茎繁殖方法如图1-48所示。

（4）分匍匐茎　匍匐茎是侧枝或枝条的一种特殊变态，具匍匐茎的植物有草莓、番薯等。草莓的分匍匐茎繁殖方法如图1-49所示。

(a) 母株（母株开花后，从花茎顶端及茎节处长出分株，空气湿度大时大多还能长出根系）

(b) 根系修剪（将走茎上的子株剪下，准备移栽）

(c) 移栽（将子株移栽在花盆中）

(d) 上盆（管理得当2~3个月便会长出新叶，上吊盆）

图1-48 吊兰走茎分株

2. 分球

球根花卉地下形态变化很多，有的为变态根，有的为变态茎。一些球根花卉如唐菖蒲、郁金香、大丽花、百合、水仙等，其母株能长出新球及多数小球（子球），将其分离，重新栽种即可长成新株。分球的时间在春天或秋天，因种类而异。

(a) 倒盆（将母株从盆中倒出）

(b) 根系修剪（将不能吸收养分的老根、腐烂根用剪刀切除，整理）

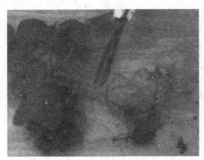

(c) 分株（用剪刀将从匍匐茎上长出的具有完整根系和叶子的子株剪下）

(d) 栽植（将子株栽植在花盆中，浇足水分，在背阴处放置2~3天，然后放到向阳处）

图1-49　草莓匍匐茎分株

（1）唐菖蒲分球繁殖　见图1-50。

(a) 唐菖蒲新球（在唐菖蒲种球上产生的直径较大的新球）

(b) 唐菖蒲子球（唐菖蒲的地下匍匐茎上产生的较小的子球）

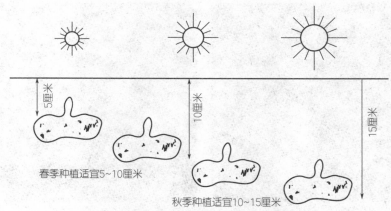

(c) 唐菖蒲种球种植（唐菖蒲种植时，不同的季节其深度不同，
春季种植深度为5~10厘米，夏季种植深度10~15厘米）

图1-50　唐菖蒲分球繁殖

（2）卷丹百合分珠芽繁殖　见图1-51。

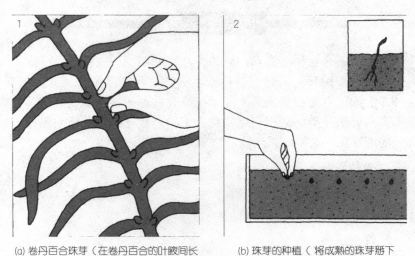

(a) 卷丹百合珠芽（在卷丹百合的叶腋间长　　(b) 珠芽的种植（将成熟的珠芽掰下
　　出小鳞茎）　　　　　　　　　　　　　　　　　进行种植）

图1-51　卷丹百合分珠芽繁殖

（3）百合分球繁殖　见图1-52。

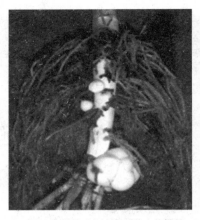

(a) 百合的鳞茎（长在基部的大的鳞茎为新球，长在上部的鳞茎为子球。秋季将新球及子球收获，分开放置并进行低温储藏）

(b) 鳞茎的种植（将低温储藏解除休眠的鳞茎进行盆栽或地栽）

图1-52 百合分球繁殖

四、压条繁殖

压条法就是将接近地面的枝条，在其基部堆土或将其下部压入土中，给予生根的环境条件，待生根后剪离，重新栽植成独立的新株。这种方法的优点是容易成活，能保持原有品种的特性，能解决其他方法不容易繁殖种类的繁殖问题。花卉中，一般露地草花极少采用，仅有一些温室花木类有时采用高压法繁殖。

1. 偃枝压条

适于偃枝压条的花卉有迎春、探春、连翘、紫藤、木兰等木本花卉。偃枝压条的方法见图1-53。

2. 埋土压条

适于埋土压条的花卉有杜鹃、牡丹、连翘、玉兰、瑞香等木本花卉，方法如图1-54所示。

3. 分段压条

分段压条适于紫藤等枝条较长的藤本花木，方法如图1-55所示。

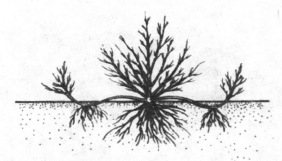

(a) 露地偃枝压条（于早春母株生根以前，选择母株上一二年生的健壮枝条，除去叶片和花芽，弯压枝条中部埋入土中，在枝条入土部分用刀刻伤促进生根，并用铁丝钩压住枝条，使之固定于土内。待生根后即可分离成新株）

(b) 花盆偃枝压条（早春母株生根前，选择母株上一二年生的健壮枝条，除去叶片和花芽，弯压枝条中部并用砖头等压住枝条，使之固定于另一花盆中。待生根后即可分离成新株）

图1-53 偃枝压条

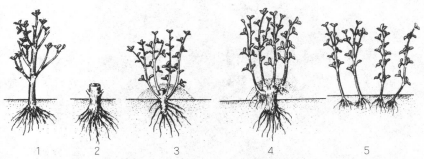

1　　　2　　　3　　　4　　　5

(a) 修剪及埋土（于早春母株生根以前，将母株进行重剪，促使发生新枝，并在母株基部进行埋土）

(b) 新根发生及分离（埋土以后经过一段时间的生长，从埋土部位发出许多新根，这时从新根下部将剪离母株，并进行栽植成为新的植株）

图1-54 埋土压条

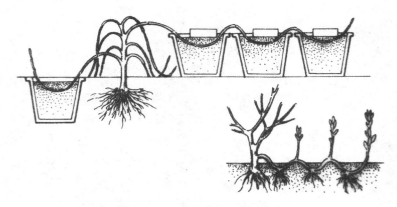

图1-55 分段压条

（将其近地面的枝条弯曲成波状，连续弯曲，将着地部分埋入土内使之生根，
突出地面的部分发芽，生根后逐段切分成新植株）

4. 空中压条

空中压条适于较高大或枝条不易弯曲的花卉，如橡皮树、广玉兰、肉桂等木本花卉，方法如图1-56所示。

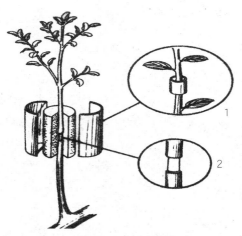

图1-56 空中压条

（将枝条被压部分进行环剥，去其树皮，用劈开的竹筒夹在环剥部位，或用塑料薄膜包
裹，其内填塞泥土、水苔或草炭，保持湿润，待长出不定根后，割离母株分植）

五、嫁接繁殖

嫁接是人们有目的地将一株花卉上的枝条或芽接到另一株花卉的枝、干或根上，使之愈合生长在一起，形成一个新的植株。

接穗是用来嫁接的枝；接芽是用于嫁接的芽。

砧木是承受接穗或接芽的植株。

1. 嫁接苗的特点

① 保持品种的优良性状。

② 提早开花。

③ 增强花卉的抗逆性和适应性。

④ 利用砧木的矮化或乔化特性，提高观赏效果。

2. 影响嫁接成活的因素

（1）内因

① 砧木和接穗的亲和力。砧木和接穗在内部组织结构上差异程度的大小影响嫁接的成活率。一般亲缘关系越近，差异程度越小，亲和力越强。

② 砧木质量。要求砧木与接穗有良好的亲和力；对接穗生长、结果有良好影响；适应环境条件能力强；能满足特殊要求，如矮化、乔化、抗病等；资源丰富，易于大量繁殖。

③ 接穗的质量。采穗母树应生长健壮，性状优良，无检疫对象。接穗本身必须生长健壮充实，芽体饱满。

④ 其他内因。产生伤流、树胶、单宁物质的植株，嫁接不易成活。

（2）外因

① 温度。一般以20～25℃为宜，但不同树种和嫁接方式对温度的要求有差异。

② 湿度。湿度是影响嫁接成活最关键的环境因子。可以用蜡封接穗、聚乙烯塑料薄膜包扎接口等方法保湿。

③ 氧气。保证接口部位有适当的氧气。

④ 嫁接技术。快，操作迅速；平，削面平滑；齐，形成层对

齐；严，包扎严密。

3. 嫁接适宜的时期

（1）**芽接时期** 春、夏、秋3季皆可，但一般以夏秋芽接为主。以砧木和接穗离皮，且接穗芽体充实饱满时进行为宜。落叶植物在7～9月进行，常绿植物在9～11月进行。砧木和接穗都不离皮时采用嵌芽接法。

（2）**枝接时期** 硬枝接一般在春天花卉发芽前后。绿枝接在花卉发芽以后，在4月底5月初。

4. 嫁接方法

（1）**芽接**

① 嵌芽接。嵌芽接是一种带木质部的芽接，要求砧木略粗于接穗。方法如图1-57所示。

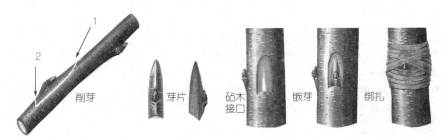

(a) 芽片的削取（用刀在接穗芽的下方0.5~1厘米处以45°角斜切入木质部，在芽上方1.2厘米处向下斜切一刀，至第一切口，然后取下芽片）

(b) 砧木处理及嫁接（砧木的削法与接穗相同，但砧木的切口稍长于芽片为好，将芽片嵌入砧木切口，对齐形成层。插入时应使芽片上端露出一线砧木皮层，然后用塑料薄膜绑紧。成活后及时将塑料薄膜解开，以免束缚芽体生长）

图1-57 嵌芽接

② "T"字形芽接。适于砧木直径0.6～2.5厘米，在皮薄而且易与木质部分离时进行，砧木过粗、树皮增厚会影响嫁接成活，方法如图1-58所示。

③ 方块形芽接。方法如图1-59所示。

（2）**枝接**

① 切接。适于直径1～2厘米的砧木做地面嫁接，方法如图1-60

所示。

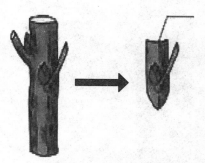 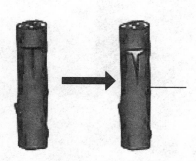

(a) 芽片的削取（在芽上方0.5厘米处横切一刀，深达木质部，横切口长约0.8厘米；再在芽下方1.2厘米处向上斜削一刀，切入木质部，一直削至与芽上方的切口相遇，然后取下芽片）

(b) 砧木处理（在砧木距地面5~6厘米处，选一光滑无分枝处横切一刀；再在横切口中间向下纵切一刀，长约1厘米，形成一个"T"字形切口）

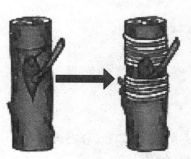

(c) 结合并绑缚（用芽接刀刀柄的硬质骨片将砧木皮层挑开，左手将芽片放入"T"字形切口内，左手拇指按住叶柄向下推芽片，直至芽片的切口与砧木的横切口对齐合严为止。然后用塑料薄膜包扎，叶柄露在外面）

图1-58 "T"字形芽接

(a) 芽片的削取

(b) 砧木的处理

(c) 插入芽片并包扎（方块形芽接与"T"字形芽接方法相似，只是芽片削成方块形，砧木切口也削成方块形）

图1-59 方块形芽接

接穗

砧木
劈口

插穗
绑扎

(a) 削取接穗（接穗以长5~8厘米，3~4芽为宜，两个削面一长一短，长削面削掉1/3以上的木质部，长3厘米左右，对面削一马蹄形的小削面，长1厘米左右）

(b) 砧木处理及嫁接（在距地面3~4厘米处剪断砧木，在砧木横切面的木质部边缘向下直切一刀，切口宽度与接穗直径相等，深2~3厘米。将接穗长削面向里插入砧木切口，至少保证一侧的形成层对齐，然后用塑料薄膜包扎）

图1-60　切接

② 劈接。适用于粗大的砧木，方法如图1-61所示。

砧木
劈口

(a) 削取接穗（接穗削成楔形，有两个对称的削面，长3~5厘米，接穗的两侧一薄一厚，嫁接时稍厚的一侧在外面）

(b) 砧木处理（将砧木在嫁接部位剪断或锯断，然后在砧木中心横劈一刀，深3~4厘米，劈口不要用力过猛，可以把劈刀放在刀口部位，轻轻地敲打刀背）

插穗

(c) 插入接穗（用刀勾将砧木切口撑开，插入接穗。注意形成层对齐，接穗较厚的一侧在外面）

(d) 插入另一接穗（在切口的另一侧插入另一根接穗，然后用塑料薄膜包扎严密，连同砧木切口都要包严）

图1-61　劈接

③ 腹接。方法如图1-62所示。

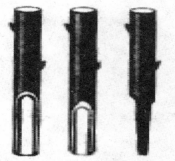

(a) 削取插穗（接穗留3~4个芽，一长一短两个削面，长削面2~2.5厘米，短削面1~1.5厘米）

(b) 砧木处理（在砧木的嫁接部位，用刀斜向下切一接口，切口要比接穗的长削面长0.7~0.8厘米，斜切口深达砧木直径的2/5~1/3处）

(c) 插入接穗（将接穗插入嫁接口，使接穗的长削面与砧木内切面的形成层对齐，然后用塑料薄膜包扎严密）

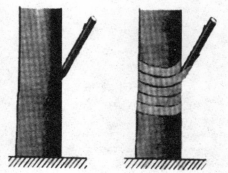

图1-62　腹接

④ 插皮接。插皮接是枝接中应用最广泛的一种方法，而且操作简便迅速，容易掌握。此法须在砧木芽萌动、皮层可以剥离时进行。方法如图1-63所示。

(a) 削取插穗（接穗先削一长3~5厘米的长削面，接穗削剩下的厚度为0.3~0.5厘米，再在长削面的对面削一马蹄形的小削面）

(b) 砧木处理（砧木直径2厘米以上都可以插皮接。在砧木需要嫁接的部位剪断，然后选一光滑的部位，切一个纵向切口，深达木质部）

(c) 插入接穗并包扎（将砧木皮层拨开，插入接穗，然后用塑料薄膜进行严密包扎）

图1-63 插皮接

⑤ 靠接。方法如图1-64所示。

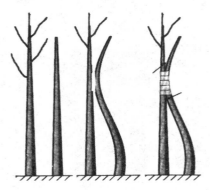

图1-64 靠接

（将砧木和接穗各削掉一块皮层，然后将两个削面对在一起，用塑料薄膜包扎，等砧木和接穗愈合在一起以后，将砧木的接口以上部分剪掉，将接穗的接口以下部分剪掉）

（3）**根接** 根接是以根部为砧木的一种嫁接方法，如图1-65所示。

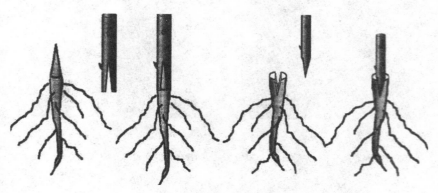

图1-65 根接

（将接穗削成两个削面的楔形，将根部劈开，然后将接穗插入根部，或者将根部削成楔形，将接穗劈开，将根部插入接穗，再用塑料薄膜进行严密包扎）

（4）**仙人掌类的嫁接** 在仙人掌类花卉的栽培中，嫁接技术的应用日趋普遍，并已成为繁殖该类花卉的主要方法之一。仙人掌类嫁接要求砧木和接穗的维管束对齐或至少有一部分对齐，才能成活。若接穗和砧木的维管束无任何接触，将难以成活。如图1-66所示。

(a) 准备工作（首先准备好接穗、砧木和需要的工具）

(b) 砧木处理（在砧木上端适当位置横切一刀，刀口要平滑干净）

图1-66

(c) 砧木处理（横切后，用刀沿切面将棱角作30°~45°切削）

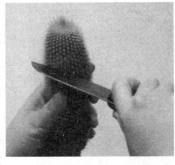

(d) 插穗处理（将接穗切下来，再进行水平横切）

(e) 嫁接（切后对准砧木维管束，立即放置在砧木切面上）

(f) 捆绑（用细绳将花盆套住，纵向捆绑，使接穗与砧木切面密切接触）

(g) 捆绑（捆绑时用力要均匀适度，避免接穗歪斜移动或接穗被线勒伤，缠绕4~6圈后打个死扣，嫁接完成）

(h) 去除细线（经4~5天后除去细线，放置于半阴处1周，之后恢复正常管理）

图1-66　仙人掌类的嫁接

5. 接后管理

（1）**芽接苗管理**

① 及时检查成活，解除绑缚物和补接。1周以后凡是接芽新鲜，叶柄一触即落的就已经成活了，未成活的要及时补接。

② 剪砧及补接。春天芽接成活后，要在芽上方1厘米左右将砧木剪掉，当年即可萌发。夏秋芽接的要在第二年春天将砧木剪掉，未成活的要及时补接。

③ 除萌蘖。嫁接成活后要及时除去砧木上长出的萌蘖，否则会影响接穗的生长。

（2）**枝接苗管理**

① 解除绑缚物。枝接成活后及时解除绑缚物。

② 立支柱。当接穗长到20厘米长时就要立支柱，防止被风刮断。

③ 除萌蘖。及时除去萌蘖。

第四节　花卉栽培设施及栽培容器

一、温室

1. 温室的作用

（1）**反季节栽培**　在不适合花卉生态要求的季节，创造出适合花卉生长发育的环境条件来栽培花卉，以达到反季节生产的目的。例如，玫瑰、康乃馨、百合等利用温室可以周年进行生产。

（2）**创造不同的生态条件**　在不适合花卉生态要求的地区，利用温室创造的条件栽培各种类型的花卉。例如，一些南方花卉、热带雨林花卉利用温室创造的条件可以在北方进行栽培。

（3）**提高产量和质量**　利用温室可以对花卉进行高度集中栽培，实行高肥密植，以提高产量和质量，降低成本。

（4）**提高生产效率**　可实行高度自动化、机械化、商品化生产，从而大大提高生产效率。

2. 温室类型

（1）现代化智能连栋温室　连栋温室是目前蔬菜、花卉种植的重要设施。温室由一个个相同的单元组成，可以根据需要增减，结构简单、安装方便、保温性能明显优于单跨温室。连栋温室可通过采暖、降温、通风、遮阳、灌溉等相关系统控制温室内的温度、湿度、光照等各个环境参数，为温室内作物提供适合的生长环境，从而实现周年生产，并且能大大提高作物的品质（图1-67）。

(a) 尖顶连栋温室

(b) 尖顶连栋温室加外遮阴（夏季光照过强时需要用外遮阴遮光，上午随光照的增强逐渐拉开外遮阴，下午随光照减弱逐渐关闭外遮阴）

(c) 尖顶连栋温室加外遮阴（外遮阴完全关闭）

(d) 圆拱型温室

(e) 圆拱型连栋温室加外遮阴

(f) 连栋温室补光（内装补光灯，冬季生产长日照花卉时可以进行补光）

图1-67　现代化智能连栋温室

（2）日光温室 日光温室是一种节能型作物生产设施，能够充分利用太阳光热资源，在寒冷的季节不加温或少量加温的情况下依然能越冬生产喜温花卉、蔬菜。其突出的优点是采光、保温性能好，投资较小，运行费用低，符合当前我国国情。日光温室采用拱形节能温室结构，室内无立柱，空间大。温室主体骨架采用热镀锌组装式构架，安装方便，耐腐蚀。覆盖材料选用长寿无滴薄膜，具有使用寿命长、结露少等特点。配置电动保温卷帘系统，在冬季具有良好的保温性能（图1-68）。

(a) 日光温室框架结构
（依北墙而建，北、东、西三面墙，上面和南面是采光面。特点是光照充足但不均匀，保温性能好，适于北方严寒地区建小面积温室）

(b) 日光温室内部

(c) 冬季加盖草帘或棉布帘
（北方冬季夜晚需要加盖草帘或棉布帘保温）

(d) 日光温室的生产情况

图1-68 日光温室

二、塑料大棚

　　塑料大棚具有造价低廉、结构简单、拆装方便等特点，在我国各个地区广泛应用，主要用于春、秋、冬季节栽培花卉、蔬菜，能够提早春季作物上市时间、延长秋季作物种植时间，增产增效。采用拱形结构，室内无立柱，空间大，便于种植安排。大棚主体骨架采用热镀锌组装式构架，安装方便，耐腐蚀。覆盖材料选用长寿无滴薄膜，具有使用寿命长、结露少等特点（图1-69）。

(a) 塑料大棚的框架结构

(b) 加膜以后的塑料大棚

(c) 塑料大棚的生产情况

(d) 连栋式塑料大棚

图1-69　塑料大棚

三、小拱棚

　　小拱棚的建造及生产情况如图1-70所示。

(a) 小拱棚的建造（建造小拱棚可以用竹片做骨架，一般架高50厘米，架宽130厘米，上面再覆盖塑料薄膜，四周用土压实）

(b) 建成后的小拱棚

(c) 小拱棚的生产情况

图1-70　小拱棚

四、荫棚

　　荫棚是用来蔽荫，防止强烈阳光直射和降低温度的一种措施，是花卉栽培中必不可少的。荫棚除棚架外，还需用遮阳网或苇帘盖于其上（图1-71）。

　　由于温室花卉大部分种类属于阴性、半阴性花卉，不耐夏季温室内的高温，需设置荫棚，以利越夏。阴性、半阴性花卉的露地栽培，宜在荫棚下进行。此外，许多切花花卉的周年生产，更离不开荫棚。荫棚的种类和形式很多，一般可分为永久性和临时性两类。温室花卉使用的荫棚，应设在温室近旁不积水而通风良好之处，盆花宜放在花架或倒扣的花盆上，有利于通风。如放置在地面时，要对地面进行铺装，铺装材料有砖块、粗沙或煤渣（需过筛），既有利于排水，又可防止下雨时溅污枝叶及花盆，并可防止病害的发生。

图1-71　荫棚

五、冷床与温床

冷床与温床是花卉栽培的常用设施。不加温只利用太阳辐射热的设施叫冷床；除利用太阳辐射热外，还需要人为加热的设施叫温床。

1. 功能

（1）提前播种提早开花　春季露地播种需要在晚霜后进行，而利用冷床可以在晚霜前30～40天播种，以提早花期。

（2）促成栽培　秋季在露地播种育苗，冬季移入温床或冷床，使之在冬季开花。

（3）花卉的保护地越冬　在北方，一些二年生花卉不能露地越冬，可在温床或冷床中秋播并越冬。

（4）炼苗　在温室或温床中育成的小苗，在移入露地之前，需要先于冷床中进行锻炼，使其逐渐适应露地的气候条件，而后栽于露地。

2. 结构

（1）冷床　北京地区花农常用的冷床形式是阳畦［图1-72（a）、

（b）〕。

（2）温床 半地下式土框酿热温床的结构如图1-72（c）所示。

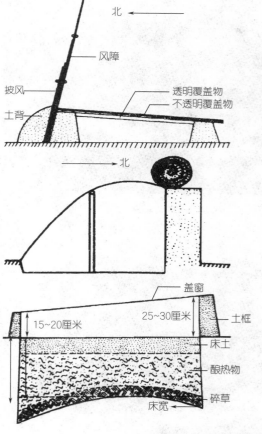

（a）抢阳阳畦（抢阳阳畦由风障、畦框和覆盖物三部分组成。在阳畦北边做风障，先做一个底宽50厘米、顶宽20厘米，高40厘米的土堆，且高出阳畦北框10厘米，然后树立风障。畦框北高南低，垒土夯实。畦框上覆盖塑料薄膜）

（b）改良塑料薄膜阳畦（做一个高95厘米、宽50厘米的后墙，侧墙最高点1.5～1.7米、宽50厘米，畦宽2.66米，畦中央立支柱，然后用塑料薄膜覆盖）

（c）半地下式土框酿热温床（酿热温床以马粪、稻草、落叶为酿热物，利用微生物分解有机物产生的热能来提高苗床的温度）

图1-72 冷床和温床

六、栽培容器

1. 素烧泥盆

如图1-73（a）、（b）所示。

2. 塑料盆

如图 1-73（c）所示。

(a) 红色素烧泥盆（通气性好，但易碎）　　(b) 灰色素烧泥盆（盆壁带孔，增加了通透性）

(c) 塑料盆（硬塑料盆通气性差，但轻便耐用，不长青苔，价格便宜。软塑料盆适合小苗和迷你型花卉的栽培）

图1-73　素烧泥盆和塑料盆

3. 木盆

如图1-74所示。

(a) 木框类（木框是专门用来栽植万代兰、千代兰的, 其通气、排水性特别好）

(b) 方形木盆（用于栽植高档大型花卉）　　　　(c) 圆形木盆（用于栽植大型花卉）

图1-74　木盆

4. 陶瓷盆

如图1-75所示。

图1-75　陶瓷盆

（质地细腻、外观美丽，但通透性差。常作套盆增加观赏性）

5. 紫砂盆

如图1-76所示。

图1-76　刻花或刻字紫砂盆

（造型美观，通气性稍差。多用来养护室内名贵盆花及栽植树桩盆景）

6. 蛇木盆

如图1-77所示。

图1-77　蛇木盆

〔由蛇木（桫椤）的主干加工而成，黑褐色，自然美观，排水、通气性极佳，是养兰花的最好花盆，兰花根可从中吸取有机营养，但产量少价格高〕

第五节　花期调控的技术措施

一、花期调控的意义

①丰富不同季节的花卉种类，使得某些花卉周年供应市场。

②满足特殊节日及花展布置的用花要求，如元旦、春节、母亲节、情人节、圣诞节等。

③在特殊的时间创造百花齐放的景观，如奥运会。

④人工调节花期，由于准确安排栽培程序，可缩短生产周期，加速土地利用率，准时供花还可获取有利的市场价格。

二、花期调控的理论基础

1. 春化作用学说

（1）春化作用　某些花卉在其生长发育过程中要求一个低温期，

通过低温才可以进行花芽分化进而开花，某些花卉只有通过低温花芽才能够解除休眠正常开花，这种低温对成花及开花的诱导作用，称为春化作用。

（2）**脱春化现象**　当植株春化过程还没有完全结束，就把它放到常温或高温下，则会导致春化效应的减弱或消失，这种现象叫作脱春化现象。

（3）**春化温度范围**　各种花卉通过春化作用的温度范围不同，一般认为 $0 \sim 5℃$ 最有效。大多数二年生草本花卉在此温度下经 $10 \sim 45$ 天，即可通过春化阶段。

2. 光周期学说

（1）**光周期现象**　光周期对花卉开花的影响称为光周期现象。

多数花卉都需要一定的日照长度与黑夜的交替，才能诱导成花。根据不同花卉对光周期的反应不同，可分为长日照花卉、短日照花卉及中日照花卉。

（2）**临界日长**　指成花需要的极限日照长度。大于此日照长度时，短日照花卉不能形成花芽。小于此日照长度时，长日照花卉不能形成花芽。

3. 成花激素学说

进入20世纪后，植物激素已被认为是花卉生长发育过程中不可缺少的物质，人们已经从植物体和微生物中分离出多种植物激素，在研究中模拟天然激素，已合成多种生长调节剂。在一定条件下，赤霉素、乙烯利、萘乙酸、6-BA等对一些花卉的开花，均起到一定的促进作用。

在生产中赤霉素已较普遍地应用于茶花、杜鹃及含笑等的促成栽培及代替一些需低温春化的二年生草本花卉的低温要求，6-BA对一些花卉的开花也有促进作用，这些都说明了生长调节剂对花卉生长发育的作用。

4. 碳氮比（C/N）学说

克莱布斯（G.Klebs）提出了碳氮比学说，认为促进开花的因素，不是某种物质的绝对含量，而是碳与氮的比例关系，当花卉体内碳水化合物的含量高于根部所吸收的氮化合物时，生殖生长趋于优势；而当氮化合物含量高于碳水化合物时，则营养生长占优势，从而延缓生殖生长，推迟花期。

营养物质中对花卉的开花起到一定作用的，除碳氮比之外，还有磷、钾、硼等的含量。影响花卉开花的因素很多，成花是一个复杂的过程，不可能由单一的因素所决定。某些花卉可能是以光周期诱导为主，另一些花卉可能是以温度诱导为主。花卉种类不同，影响其开花的主要诱导因素也不尽相同。

三、开花调节的技术途径

1. 园艺措施

（1）调节种植期 不需要特殊诱导，在适宜的生长条件下，只要生长到一定大小即可开花的种类，可以通过改变播种期调节开花期，如一串红、矮牵牛。关键问题是什么品种的花卉在什么时期播种，从播种至开花需要多少天。这个问题解决了，只要在预期开花时间之前，提前播种即可。

> 如天竺葵从播种到开花需120～150天，如果希望天竺葵在春节前（2月中旬）开花，那么，在9月上旬开始播种，即可按时开花。

（2）采用修剪、摘心、除芽等措施 月季花从修剪到开花的时间，夏季40～45天，冬季50～55天。9月下旬修剪可于11月中旬开花，10月中旬修剪可于12月开花，不同植株分期修剪可使花期相接。

一串红如预计在五一用花，可于8月下旬播种，冬季温室盆栽，不断摘心，不使开花，于五一前25～30天停止摘心，五一时即可繁花盛开。

（3）肥水管理调节开花 施肥包括土壤施肥、叶面喷施和二氧化碳气态施肥。通常氮肥和水分充足可促进营养生长而延迟开花，增施磷、钾肥有助抑制营养生长而促进花芽分化。所以采用前促后控的措施，即前期施氮肥促进生长，后期施磷、钾肥控制生长促进花芽分化。

2. 温度处理

增加温度：春季增加温度可以使大多喜温花卉的开花期提前。秋末气温降低时，在其生长停止之前，及时采取加温、施肥、修剪等措施，可以使一些花卉继续生长，开花不断，如梅花、牡丹、月季、大丽花等。

降低温度：降温使处于休眠状态的花木继续休眠，即能达到推迟花期的目的，如杜鹃。较低的温度能使花卉新陈代谢活动变得缓慢，从而延迟开花。

3. 光照处理

（1）长日处理

① 延长明期法。在日落后或日出前给以一定时间的照明，延长光照时间，达到该花卉成花所需的日照长度。

如大丽花是一种长日照的花卉，一般在夏季的6、7、8、9月开放。如果要让它在春节开放，应在10月初栽植，花芽分化期正处于冬季的短日照，适当地人为延长光照，使其达到花芽分化所需的日照长度，春节即可开放。

② 暗中断法。也称夜中断法。在午夜给以一定时间照明，将暗期打断，使连续的暗期短于该花卉的临界暗期小时数。通常晚夏、初秋和早春，夜中断照明小时数为1～2小时，冬季夜中断照明小时数多，为3～4小时。

③ 间隙照明法。也称闪光照明法。该法以夜中断法为基础，但午夜不用连续照明，而改用短的明暗周期，其效果与夜中断法相同。

长日处理的光源主要有白炽灯、荧光灯、高压汞灯、金属卤化物灯、高压钠灯等。

一般30～50勒克斯（Lx）的光照强度就有日照效果，100勒克斯有完全的日照作用。通常夏季晴天中午的日照强度是10万勒克斯左右。

（2）短日处理

在日出之后至日落之前利用黑色遮光物，如黑布、黑色塑料膜等对花卉进行遮光处理，使日长短于该花卉要求的临界小时数，此法称为短日处理。

短日处理的遮光程度应低于各类花卉的临界光照度，一般不高于22勒克斯，对一些花卉还有特定的要求，如一品红不能高于10勒克斯，菊花应低于7勒克斯。另外，植株已展开的叶片中，上部叶比下部叶对光照敏感。因此在检查时应着重注意上部叶的遮光度。

> 短日处理注意事项：一是被处理的植株一定是生长健壮的，一般要有30厘米的高度；二是处理过程中，一定要保持连续性和稳定性，不能漏光或间断遮光；三是处理时间多在高温的夏季，因此要注意通风和降温。

短日照的花卉很多，如叶子花、蟹爪兰、长寿花、菊花中的秋菊和寒菊等。

4. 应用植物生长调节剂

植物生长调节剂已经用于调控多种花卉的开花。

（1）矮壮素（CCC）　矮壮素浇灌盆栽杜鹃与短日处理相结合，比单用药剂更有效，或者在最后一次摘心后5周，叶面喷施1.5%～1.8%的矮壮素溶液可以促进成花。矮壮素还可以促进天竺葵成花，0.2%的矮壮素处理天竺葵后，开花提前2周。

（2）B_9　以0.25%的B_9在杜鹃摘心后5周喷施叶面，或以0.15%的浓度隔周喷施2次，有促进成花的作用。B_9可以促进桃等木本花卉花芽分化，于7月以前以0.2%的浓度喷施叶面，能使新梢停止生长，增加花芽的分化数量。

（3）β-羟乙基肼（BOH）　β-羟乙基肼对凤梨科花卉成花有促进作用。凤梨科花卉的营养生长期长，需两年半至三年才能开花。以0.1%～0.4%的β-羟乙基肼溶液浇灌叶丛中心，在4～5周内可以诱导成花，之后在长日条件下开花。

（4）赤霉素（GA_3）　不少花卉通过应用赤霉素可以打破休眠从而

达到提早开花的目的。如芍药的花芽经低温打破休眠，用5℃低温至少需要经10天，而在促成栽培前用10毫克/升的GA₃处理，可以提早开花并提高开花率。

第六节　无土栽培

无土栽培是指不用天然土壤而用基质或仅育苗时用基质，在定植以后不用基质而用营养液进行灌溉的栽培方法。固体基质或营养液代替天然土壤向作物提供良好的水、肥、气、热等根际环境条件，使作物完成从苗期开始的整个生命周期。因此无土栽培包括水培和基质栽培两大类。目前我国无土栽培主要以基质栽培为主，水培主要是一些花卉的简易水培。

无土栽培的主要优点是：能避免土壤传染的病虫害及连作障碍；肥料利用效率高，节约用水且可以在海岛、石山、南极、北极以及一切不适宜一般农业生产的地方进行作物生产；可以减轻劳动强度，使妇女和老年人也能从事这种生产活动；能加速植物生长，提高产量和品质。

无土栽培的缺点是：一次性设备投资大，用电多，肥料用量高，营养液的配制、调整与管理都要求有一些专门知识的人才能胜任。

一、水培

1. 水培方法

水培是指植物根系直接生长在营养液中的无土栽培方法。水培方式有如下几种。

（1）**营养液膜技术**　仅有一薄层营养液流经栽培容器的底部，不断供给花卉所需营养、水分和氧气。但因营养液层薄，栽培管理难度大，尤其在遇短期停电时，作物则面临水分胁迫，甚至有枯死的危险。根据栽培需要，又可分为连续式供液和间歇式供液两种类型。间歇式供液可以节约能源，也可以控制植株的生长发育，它的特点是在连续供液系统的基础上加一个定时装置。间歇式供液的程序是在槽底垫有无纺布的条件下，夏季每小时内供液15分钟，停供45分钟，冬季每2小时内供液15分钟，停供105分钟。这些参数要结合植物具体长势及天气情况进行调整。

营养液膜技术的设施主要由种植槽、储液池、营养液循环流动装置三部分组成。循环流动装置包括水泵、供液管道和回流管道（图1-78、图1-79）。

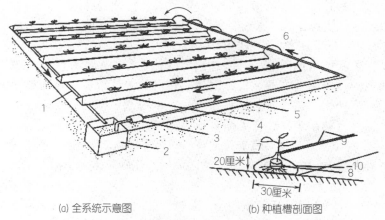

(a) 全系统示意图　　　　　(b) 种植槽剖面图

图1-78　营养液膜技术设施组成示意图

1—回流管；2—储液池；3—泵；4—种植槽；5—供液主管；6—供液；7—苗；
8—育苗钵；9—木夹子；10—聚乙烯薄膜

图1-79　营养液膜技术培育芹菜

种植槽中的营养液层不宜超过5厘米。液层过深，易造成营养液供氧不足；液层过浅不能满足作物对水、肥吸收的需要，特别是流量较小、间歇供液时间较长和种植槽长度较长时，水肥供应不足的问题会更加严重。

（2）深液流栽培 其特点是将栽培容器中的水位提高，使营养液由薄薄的一层变为5～8厘米深，因容器中的营养液量大，温度、营养液浓度变化不大，即使短时间停电，也不必担心作物枯萎死亡，根茎悬挂于营养液的水平面上，营养液循环流动。通过营养液的流动可以增加溶存氧，消除根表有害代谢产物的局部累积，消除根表与根外营养液的养分浓度差，使养分及时送到根表，并能促进因沉淀而失效的营养液重新溶解，防止缺素症发生。目前的水培方式已多向这一方向发展。

目前我国常用改进型神园式装置，此装置用水泥和砖作为主体建筑材料，具有建造方便、设施耐用、管理简单等特点。目前在我国大面积推广使用。该装置包括种植槽、定植板或定植网框、储液池、营养液循环流动系统四部分（图1-80）。

① 种植槽。建槽时首先将地整平、打实基础，槽底用5厘米厚的水泥混凝土筑成，在混凝土底上面的四周用水泥砂浆砖砌成槽框，再用高标号的、耐酸抗腐蚀的水泥封面，以防止营养液渗漏。新建的槽需用稀硫酸浸洗，除去碱性后才能使用。一般种植槽宽度为80～100厘米，连同槽壁外沿不超过150厘米，深度为15～20厘米，长度为10～20米。

② 定植板。一般用密度较高、板体较坚硬的白色聚苯乙烯板制成。板厚为2～3厘米，在板面上钻出若干个定植孔，孔径为5～6厘米。每个定植孔中放置一个塑料制成的定植杯，高7.5～8厘米，杯口直径与定植孔直径相同。杯口外沿有一5厘米宽的边，以卡在定植孔上。杯的下部及底面开有许多孔，孔径约3毫米。定植板的宽度与种植槽的外沿宽度一致，使定植板的两边能架在种植槽上。为防止槽的宽度过大而使定植板弯曲变形或折断，在100厘米宽的种植槽中央用水泥和砖砌一个支撑墩，支撑墩上放一条塑料供液管道。

③ 定植网框。由木板、硬质塑料板或角铁做成边框，金属丝或塑料丝织成网做底，框内装固体基质，然后把幼苗定植在基质中，定植初期应向固体基质中浇营养液和水，待根系伸入到槽里的营养液中能吸收到营养液维持生长时，停止浇液浇水。

（3）动态浮根法 动态浮根系统是指在栽培床内进行营养液灌溉时，作物的根系随着营养液的液位变化而上下左右波动。灌满8厘米

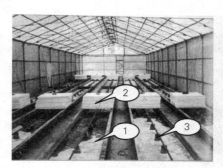

(a) 深液流栽培设施
1—种植槽；2—定植板；3—输液管

(b) 定植杯（根据植物大小选择合适的定植环，放在定植板上挖好的定植孔中）

(c) 定植杯（将定植杯套在塑料花盆中，可以做简易水培）

(d) 生菜深液流栽培情况（生菜、油菜和芹菜等叶菜类都比较适合水培）

(e) 生菜深液流栽培根系生长情况

图1-80 深液流栽培

的营养液层后，由栽培床内的自动排液器将营养液排出去，使水位降至4厘米的深度。此时上部根系暴露在空气中可以吸收氧气，下部根系浸在营养液中不断吸收水分和养料，不怕夏季高温使营养液温度上升、氧气的溶解度降低，可以满足植物的需要（图1-81）。

(a) 动态浮根法栽培仙人掌类花开

(b) 动态浮根法栽培百合

(c) 动态浮根法栽培彩叶草

图1-81　动态浮根法

（4）管道水培技术　管道式水培系统包括栽培载体部分、系统控制部分、营养液循环部分。载体部分主要是以PVC管及各种塑料制成的盆、盒和箱等；系统控制部分是在植物栽培过程中对温、光、气、热及营养因子进行调节与控制，此过程可以通过计算机来调控；营养液循环系统的主要构件是动力泵和各级管道（图1-82）。

(a) 管道式家庭花卉栽培系统

(b) 管道式家庭菜园栽培系统1

(c) 管道式家庭菜园栽培系统2

(d) 管道番茄栽培系统

图1-82　管道水培技术

这种栽培系统具有轻巧、方便、洁净，并且易于立体式艺术化造型的优点，是水培技术与工业管道技术结合后的一种发展与提升。只需把种苗用海绵或定植杯固定入定植孔即可。水与营养的供给全赖类似于人体血管的塑料管道进行输送，植物生长于水肥充足的环境下，即使遇到高温干旱，对生长也无影响，无需浇水施肥，一切接近于

"傻瓜"操作，是繁忙的都市人种花养草的最佳栽培模式。它可以架于阳台或楼顶，可以摆设于室内或庭院，既具艺术之美，又具绿化和清洁空气的功效。如果进行科学规划、发展庭院管道栽培，还是一项很好的菜篮子工程，三口之家的瓜果蔬菜需求，完全可赖该系统生产供给，而且洁净的系统更利于无公害蔬菜的生产。它是二十一世纪城市绿化工程及农业生产的一种重要方式，具有广阔的前景。

（5）简易水培（图1-83）

(a) 水培鹅掌木　　　(b) 水培金琥　　　(c) 水培巴西美人（巴西铁）　　　(d) 水培吊兰

图1-83　简易水培

（6）屋顶水培（图1-84）

图1-84　屋顶上水培蔬菜

2. 营养液的配制与管理

（1）营养液配置的原则

① 营养液应含有花卉所需要的大量元素（碳、氢、氧、氮、钾、磷、镁、硫、钙等）和微量元素（铁、锰、硼、锌、铜、钼等）。在适宜原则下，元素齐全、配方合理，选用无机肥料用量宜低不宜高。

② 肥料在水中有良好的溶解性，并易为植物吸收利用。

③ 水源清洁，不含杂质。

（2）营养液对水的要求

① 水源。自来水、井水、河水和雨水，是配制营养液的主要水源。自来水和井水使用前应对水质做化验，一般要求水质和饮用水相当。收集雨水要考虑当地空气污染程度，污染严重的地区不可使用。一般降雨量达到100毫米以上，方可作为水源。河水作水源，需经处理，达到符合饮用水的卫生标准才可使用。

② 水质。水质有软水和硬水之分，硬水是水中钙、镁的总离子浓度较高，达到了一定标准。该标准统一以每升水中氧化钙（CaO）的含量表示，1度=10mg/L。硬度划分：0～4度为极软水，4～8度为软水，8～16度为中硬水，16～30度为硬水，30度以上为极硬水。用作营养液的水，硬度不能太高，一般以不超过10度为宜。

③ 其他。pH 6.5～8.5，氯化钠（NaCl）含量小于2mmol/L，溶氧在使用前应接近饱和。在制备营养液的许多盐类中，以硝酸钙最易和其他化合物起化合作用，如硝酸钙和硫酸盐混合时易产生硫酸钙沉淀，硝酸钙与磷酸盐混合易产生磷酸钙沉淀。

3. 常用的无机肥料

（1）硝酸钙 [$Ca(NO_3)_2 \cdot 4H_2O$] 　白色结晶，易溶于水，吸湿性强，一般含氮13%～15%，含钙25%～27%，碱性肥，是配制营养液良好的氮源和钙源肥料。

（2）硝酸钾（KNO_3）　白色结晶，易溶于水但不易吸湿，一般含硝态氮13%，含氧化钾46%，为优良的氮钾肥，但在高温遇火情况下易引起爆炸。

（3）硝酸铵（NH_4NO_3）　白色结晶，含氮34%～35%，吸湿性强，易潮解，溶解度大，应注意密闭保存。具助燃性与爆炸性。因含铵态氮比例大，故不作配制营养液的主要氮源。

（4）硫酸铵[(NH$_4$)$_2$SO$_4$]　为标准氮素化肥，含氮20%～21%，白色结晶，吸湿性小。因是铵态氮肥，用量不宜大，可作补充氮肥施用。

（5）磷酸二氢铵[NH$_4$H$_2$PO$_4$]　白色晶体，可用无水氨和磷酸作用而成，在空气中稳定，易溶解于水。

（6）尿素[CO(NH$_2$)$_2$]　为酰胺态有机化肥。白色结晶，含氮46%，吸湿性不大，易溶于水，是一种高效氮肥，作补充氮源有良好的效果，还是根外追肥的优质肥源。

（7）过磷酸钙[Ca(H$_2$PO$_4$)$_2$·H$_2$O+CaSO$_4$·2H$_2$O]　为使用较广的水溶性磷肥。一般含磷7%～10.5%，含钙19%～22%，含硫10%～12%，为灰白色粉末，具吸湿性，吸湿后有效磷成分降低。

（8）磷酸二氢钾（KH$_2$PO$_4$）　白色结晶，呈粉状，含五氧化二磷22.8%，含氧化钾28.6%，吸湿性小，易溶于水，显微酸性。其有效成分植物吸收利用率高，为无土栽培的优质磷钾肥。

（9）硫酸钾（K$_2$SO$_4$）　白色粉状，含氧化钾50%～52%，易溶于水，吸湿性小，为生理酸性肥，是无土栽培中的良好钾源。

（10）氯化钾（KCl）　白色粉末状，含有效钾50%～60%，含氯47%，易溶于水，生理酸性肥，为无土栽培中的钾源之一。

（11）硫酸镁（MgSO$_4$·7H$_2$O）　白色针状结晶，易溶于水，含镁9.86%，含硫13.01%，为无土栽培的良好镁源。

（12）硫酸亚铁（FeSO$_4$·7H$_2$O）　又称黑矾，一般含铁19%～20%，含硫11.53%，为蓝绿色结晶，化学性质不稳定，易变色，为良好的无土栽培铁素肥。

（13）硫酸锰（MnSO$_4$·4H$_2$O）　粉红色结晶体，一般含锰23.5%，为无土栽培中的锰源。

（14）硫酸锌（ZnSO$_4$·7H$_2$O）　无色或白色结晶，粉末状，含锌23%，为重要锌源。

（15）硼酸（H$_3$BO$_3$）　白色结晶，含硼17.5%，易溶于水，为重要硼源，在酸性条件下可提高硼的有效性。营养液有效成分如果低于0.5mg/L，发生缺硼症。

（16）磷酸（H_3PO_4） 在无土栽培中可以作为磷的来源，而且可以调节pH。

（17）硫酸铜（$CuSO_4 \cdot 5H_2O$） 蓝色结晶体，含铜24.45%，含硫12.48%，易溶于水，为良好铜肥。营养液中含量低，浓度为0.005～0.012mg/L。

（18）钼酸铵 [$(NH_4)_6Mo_7O_{24} \cdot 4H_2O$] 白色或淡黄色结晶体，含钼54.23%，易溶于水，为无土栽培中的钼源，需要量极微。

4. 营养液的配制

营养液内各种元素的种类、浓度因不同植物、不同生长期、不同季节以及气候和环境条件而异。营养液配制的总原则是避免难溶性沉淀物质的产生。但任何一种营养液配方都必然潜伏着产生难溶性沉淀物质的可能性，配制时应运用难溶性电解质溶度积法则来配制，以免沉淀产生。生产上配制营养液一般分为浓缩储备液（母液）和工作营养液（直接应用的栽培营养液）两种。一般将营养液的浓缩储备液分成A、B、C三种母液，A母液以钙盐为中心，凡不与钙作用而产生沉淀的盐都可溶在一起，B母液以磷酸盐为中心，凡不会与磷酸根形成沉淀的盐都可溶在一起，C母液是铁盐和微量元素。A、B母液一般浓缩200倍，C母液浓缩1000倍。生产中常用的营养液配方有霍格兰（Hoagland）和阿农（Arnon）营养液配方（表1-1）以及日本园式营养液配方（表1-2）。

表1-1 霍格兰和阿农营养液配方

A母液（浓缩200倍）		B母液（浓缩200倍）		C母液（浓缩1000倍）	
化合物	含量/(g/L)	化合物	含量/(g/L)	化合物	含量/(g/L)
$Ca(NO_3)_2$ $4H_2O$	189.00	$NH_4H_2PO_4$	23.00	（Na_2Fe-EDTA）	20.00
$4H_2O$	161	$MgSO_4 \cdot 7H_2O$	98.60	H_3BO_3	2.86
KNO_3				$MnSO_4 \cdot 4H_2O$	2.13
				$ZnSO_4 \cdot 7H_2O$	0.22
				$CuSO_4 \cdot 5H_2O$	0.08
				$(NH_4)_6Mo_7O_{24} \cdot 4H_2O$	0.02

表 1-2　日本园式营养液配方（浓缩 200 倍）

A 母液（浓缩 200 倍）		B 母液（浓缩 200 倍）		C 母液（浓缩 200 倍）	
化合物	含量 /(g/L)	化合物	含量 /(g/L)	化合物	含量 /(g/L)
$Ca(NO_3)_2$	189.00	$NH_4H_2PO_4$	30.60	（$Na_2Fe\text{-}EDTA$）	20.00
$4H_2O$	121.40	$MgSO_4 \cdot$	98.60	H_3BO_3	2.86
KNO_3		$7H_2O$		$MnSO_4 \cdot 4H_2O$	2.13
				$ZnSO_4 \cdot 7H_2O$	0.22
				$CuSO_4 \cdot 5H_2O$	0.08
				（NH_4）$_6Mo_7O_{24} \cdot 4H_2O$	0.02

5．营养液pH的调整

当营养液的pH偏高或是偏低，与栽培花卉要求不相符时，应进行调整校正。当pH偏高时加酸，偏低时加氢氧化钠。多数情况为pH偏高，加入的酸类为硫酸、磷酸、硝酸等，加酸时应徐徐加入，并及时检查，使溶液的pH达到要求。

在大面积生产时，除了A、B两个浓缩储液罐外，为了调整营养液pH范围，还要有一个专门盛酸的溶液罐，酸液罐一般是稀释到10%的浓度，在自动循环营养液栽培中，与营养液的A、B罐均用pH仪和EC仪自动控制。当栽培槽中的营养液浓度下降到标准浓度以下时，浓缩储液罐会自动将营养液注入营养液槽。此外，当营养液pH超过标准时，酸液罐也会自动向营养液槽中注入酸，在非循环系统中，也需要这三个罐，从中取出一定数量的母液，按比例进行稀释后灌溉植物。

二、基质栽培

基质栽培是指作物根系生长在各种天然或人工合成的固体基质环境中，通过固体基质固定根系，并向作物供应营养和氧气的方法。

栽培基质有两大类，即无机基质和有机基质。无机基质如沙、蛭石、岩棉、珍珠岩、泡沫塑料颗粒、陶粒等；有机基质如泥炭、树皮、砻糠灰、锯末、木屑等。目前世界上90%的无土栽培均为基质栽培。由于基质栽培的设施简单，成本较低，且栽培技术与传统的土壤栽培技术相似，易于掌握，故我国大多采用此法。

1. 常见基质栽培方法

如图1-85所示。

(a) 基质袋栽培黄瓜

(b) 草炭栽培月季

(c) 岩棉栽培菜椒

(d) 草炭栽培黄瓜

(e) 基质栽培网纹瓜

(f) 进口基质栽培竹芋

图1-85

(g) 苔藓栽培大花蕙兰

(h) 陶粒栽培沙漠玫瑰

(i) 水晶泥栽培网纹草

图1-85 常见基质栽培方法

2. 基质选用的标准

① 安全卫生。无土栽培基质可以是有机的也可以是无机的，但

总的要求必须对周围环境没有污染。有些化学物质不断散发出难闻的气味，或是释放一些对人体、对植物有害的物质，这些物质绝对不能作为无土栽培基质。土壤的一个缺点就是尘土污染，选用的基质必须克服这一缺陷。

② 轻便美观。无土栽培是一种高雅的技术和艺术。无土栽培花卉必须适应楼堂馆所装饰的需要。因此，必须选择重量轻、结构好，搬运方便，外形与花卉造型、摆设环境相协调的材料。以克服土壤黏重、搬运困难的不足。

③ 要有良好的物理性状，结构和通气性要好。这是从基质要支撑适当大小的植物躯体和保持良好的根系环境来考虑的。只有基质有足够的强度才不至于使植物东倒西歪；只有基质有适当的结构才能使其具有适当的水、气、养分的比例，使根系处于最佳的环境状态，最终使枝叶繁茂、花姿优美。

④ 有较强的吸水和保水能力。

⑤ 价格低廉，调制和配制简单。

⑥ 无杂质，无病、虫、菌，无异味和臭味。

⑦ 有良好的化学性状，具有较好的缓冲能力和适宜的EC值。

3. 常用的无土栽培基质

（1）沙　为无土栽培最早应用的基质。其特点是来源丰富、价格低，但容重大、持水差。沙粒大小应适当，以粒径0.6～2.0毫米为宜。使用前应过筛洗净，并测定其化学成分，供施肥参考。

（2）石砾　河边石子或石矿厂的岩石碎屑，来源不同化学组成差异很大，一般选用的石砾以非石灰性（花岗岩等发育形成）的为宜，选用石灰质石砾应用磷酸钙溶液处理。石砾粒径在1.6～20毫米的范围内，本身不具有阳离子代换量，通气排水性能好，但持水力差。由于石砾的容重大，日常管理麻烦，在现代无土栽培中已经逐渐被一些轻型基质代替了，但是石砾在早期的无土栽培中起过重要的作用，而且在当今深液流水培上，作为定植填充物还是合适的。

（3）陶粒　陶粒是在800℃的高温下烧制而成的团粒大小比较均匀的页岩物质，呈粉红色或赤色。陶粒内部结构疏松，孔隙多，类似蜂窝状，容重500千克/米³，质地轻，在水中能浮于水面，是良好的无土栽培基质。

（4）**蛭石** 蛭石是云母族的次生矿物，含铝、镁、铁、硅等，呈片层状，经1093℃高温处理，体积平均膨大15倍而成。孔隙度大，质轻（容重为60～250千克/米³），通透性良好，持水力强，pH中性偏酸，含钙、钾亦较多，具有良好的保温、隔热、通气、保水、保肥作用。因为经过高温煅烧，无菌、无毒，化学稳定性好，为优良无土栽培基质之一。

（5）**岩棉** 用60%的辉绿岩、20%的石灰石和20%的焦炭经1600℃的高温处理，然后喷成直径0.005毫米的纤维，再加压制成供栽培用的岩棉块或岩棉板。岩棉质轻、孔隙度大、通透性好，但持水略差，pH 7.0～8.0，含花卉所需有效成分不高。西欧各国应用较多。

（6）**珍珠岩** 珍珠岩由硅质火山岩在1200℃高温中燃烧膨胀而成，其容重为80～180千克/米³。珍珠岩易于排水、通气，物理和化学性质比较稳定。珍珠岩不适宜单独作为基质使用，因其容重较轻，根系固定效果较差，一般和泥炭、蛭石等混合使用。

（7）**泡沫塑料颗粒** 泡沫塑料颗粒为人工合成物质，含脲甲醛、聚甲基甲酸酯、聚苯乙烯等。其特点为质轻、孔隙度大、吸水力强。一般与沙和泥炭等混合应用。

（8）**砻糠灰** 砻糠灰即炭化稻壳。其特点为质轻、孔隙度大、通透性好、持水力较强，含钾等多种营养成分，pH高，使用过程中应注意调整pH。

（9）**泥炭** 泥炭习称草炭，由半分解的植被组成，因植被母质、分解程度、矿质含量而有不同种类。泥炭容重较小，富含有机质，持水保水能力强，偏酸性，含植物所需要的营养成分。一般通透性差，很少单独使用，常与其他基质混合用于花卉栽培。泥炭是一种非常好的无土栽培基质，特别是在工厂化育苗中发挥着重要的作用。

（10）**树皮** 树皮是木材加工过程中的下脚料，是一种很好的栽培基质，价格低廉，易于运输。树皮的化学组成因树种的不同差异很大。大多数树皮含有酚类物质且C/N较高，因此新鲜的树皮应堆沤1个月以上再使用。阔叶树皮较针叶树皮的C/N高。树皮有很多种大小颗粒可供利用，在盆栽中最常用直径为1.5～6.0毫米的颗粒。一般树皮的容重接近于草炭，为0.4～0.53克/米³。树皮作为基质，在使用过程中会因物质分解而使容重增加，体积变小，结构受到破坏，造成通气不良、易积水，这种结构的劣变需要1年左右。

（11）**锯末与木屑**　锯末与木屑为木材加工副产品，在资源丰富的地方多用作基质栽培花卉。以黄杉、铁杉锯末为好，含有毒物质的树种的锯末不宜采用。锯末质轻，吸水、保水力强，并含一定营养物质，一般与其他基质混合使用。

此外用作栽培基质的还有炉渣、砖块、火山灰、椰子纤维、木炭、蔗渣、苔藓、蕨根等。

4. 基质的作用

无土栽培基质的基本作用有三个：一是支持固定植物；二是保持水分；三是通气。无土栽培不要求基质一定具有缓冲作用。缓冲作用可以使根系生长的环境比较稳定，即当外来物质或根系本身新陈代谢过程中产生一些有害物质危害根系时，缓冲作用会将这些危害化解。具有物理吸收和化学吸收功能的基质都有缓冲功能，如蛭石、泥炭等，具有这种功能的基质通常称为活性基质。固体基质的作用是由其本身的物理性质与化学性质所决定的，要了解这些作用的大小、好坏，就必须对与之有密切关系的物理性质和化学性质有一个比较具体的认识。

5. 基质的消毒

任何一种基质使用前均应进行处理，如筛选去杂质、水洗除泥、粉碎浸泡等。有机基质经消毒后才宜应用。基质消毒的方法有三种。

（1）**化学药剂消毒**

① 甲醛（福尔马林）。甲醛是良好的消毒剂，一般将40%的原液稀释50倍，用喷壶将基质均匀喷湿，覆盖塑料薄膜，经24～26小时后揭膜，再风干2周后使用。

② 溴甲烷。利用溴甲烷进行熏蒸是相当有效的消毒方法，但由于溴甲烷有剧毒，并且是强致癌物质，因而必须严格遵守操作规程，

并且须向溴甲烷中加入2%的氯化苦以检验是否对周围环境有泄漏。方法是将基质堆起，用塑料管将药剂引人基质中，每立方米基质用药100～150克，基质施药后，随即用塑料薄膜盖严，5～7天后去掉薄膜，晒7～10天后即可使用。

（2）蒸汽消毒　向基质中通入高温蒸汽，可以在密闭的房间或容器中，也可以在室外用塑料薄膜覆盖基质，蒸汽温度应在60～120℃之间，温度太高，会杀死基质中的有益微生物，蒸汽消毒时间以30～60分钟为宜。

（3）太阳能消毒　蒸汽消毒比较安全，但成本较高。药剂消毒成本较低，但安全性较差，并且会污染周围环境。太阳能消毒是近年来在温室栽培中应用较普遍的一种廉价、安全、简单实用的基质消毒方法。具体方法是，夏季高温季节在温室或大棚中，把基质堆成20～25厘米高的堆（长、宽视具体情况而定），同时喷湿基质，使其含水量超过80%，然后用塑料薄膜覆盖基质堆，密闭温室或大棚，暴晒10～15天，消毒效果良好。

6. 基质的混合及配制

各种基质既可单独使用，亦可按不同的配比混合使用，但就栽培效果而言，混合基质优于单一基质，有机与无机混合基质优于纯有机或纯无机混合的基质。基质混合总的要求是降低基质的容重，增加孔隙度，增加水分和空气的含量。基质的混合使用，以2～3种混合为宜。比较好的基质应适用于各种作物。

育苗和盆栽基质，在混合时应加入矿质养分，以下是一些常用的育苗和盆栽基质配方。

①2份草炭、2份珍珠岩、2份沙。

②1份草炭、1份珍珠岩。

③1份草炭、1份沙。

④1份草炭、3份沙。

⑤1份草炭、1份蛭石。

⑥3份草炭、1份沙。

⑦1份蛭石、2份珍珠岩。

⑧2份草炭、2份火山岩、1份沙。

⑨ 2 份草炭、1 份蛭石、1 份珍珠岩。

⑩ 1 份草炭、1 份珍珠岩、1 份树皮。

⑪ 1 份锯末、1 份炉渣。

⑫ 3 份草炭、1 份珍珠岩。

⑬ 2 份草炭、1 份树皮、1 份锯末。

⑭ 1 份草炭、1 份树皮。

第二章

常见一二年生花卉的栽培

几乎所有的一二年生花卉均为阳性花卉，要求在完全光照下生长，只有少数稍耐半阴。对土壤要求不严，除粗沙土及黏土外，其他土质均可，但以疏松透气富含有机质的土壤为好。

第一节　繁　殖

一、播种繁殖

1. 优良种子的条件

优良种子是花卉栽培成功的重要保证。优良种子应具备以下条件。

（1）发育充实　优良的种子具有很高的饱满度，发育已完全成熟，播种后具有较高的发芽势和发芽率。

（2）富有生活力　新采收的种子比陈旧种子的发芽率及发芽势均高，所长出的幼苗多半生长强健。

（3）无病虫害　种子是传播病害及虫害的重要媒介，因此，要建立种子检疫及检验制度，以防各种病虫害的传播。一般而言，种子无病虫害则幼苗也健壮。

2. 种子的采收

花卉种子的采收，要根据果实的开裂方式、种子的着生部位以及种子的成熟度等进行。某些种子应在充分成熟之后采收；对于蒴果、荚果、角果等果实容易开裂的花卉种类（图2-1），宜在开裂之前与清晨空气湿度较大时采收；对种子陆续成熟的花卉种类，宜分批采收；对种子不易散落的、果实不开裂的花卉种类，可在全株种子大部分成熟时，整株拔起晾干脱粒，脱粒后干燥处理，使其含水量下降到一定标准后储藏。

| 蒴果 | 荚果 | 角果 |

| 翅果 | 蓇葖果 | 双悬果 |

图2-1　各种类型的花卉果实

有些花卉种子是人工采收的，如凤仙花、矮牵牛、三色堇和金鱼草。而有些花卉的种子如翠雀花、飞燕草、蔓长春花、美女樱、翠菊和香雪球是在田间收获的，在田间晾干，收集在一起后筛选储藏。而万寿菊可用真空吸尘器采收。还有一些可从母株上抖落下来，如莴苣。

3. 影响种子寿命的因素

花卉的种类不同，其种皮构造、种实的化学成分不一样，寿命的长短也不同。影响种子寿命的有内部因素和外部环境条件。内部因素主要与种皮的性质及种子原生质的活力状况有关；外部环境条件有温度、湿度、氧气和光照等。下面介绍影响种子寿命的外部环境条件。

（1）湿度　湿度是影响花卉种子寿命的重要因素，因为种子内部储存的原生质必须在含水量达到一定量时才能启动其生理生化代谢活动。一般来说，只要种子充分干燥，对于温度的适应范围是很广的，当然，低温对于活力保持更有利。而对大多数木本花卉和水生花卉种子不能过度干燥，否则容易丧失发芽力，如芍药、睡莲、王莲等花卉种子，若过度干燥会迅速丧失发芽力。大多数花卉种子储藏时环境相对湿度宜维持在30% ~ 60%。

（2）温度　低温可以抑制种子内部的呼吸作用，延长其寿命。大多数花卉种子经充分干燥后，储藏在1 ~ 5℃的低温条件下为好。但种子含水量较高的，在低温条件下也容易降低发芽力。

（3）氧气　氧气可以促进种子的呼吸作用，加速种子内部储存物质的分解消耗，使种子寿命降低或丧失。降低氧气含量能延长种子寿命。一些大的种子生产单位或经销单位，通常将种子储藏在充有氮气、氢气、一氧化碳等的气体环境中，以抑制呼吸作用和种子内部的生理代谢，延长种子寿命和存放时间。

（4）光照　一般花卉种子充分干燥后，不能长时间地暴露于强烈光照条件下，否则会影响种子的发芽力和寿命。所以通常将种子存放在阴凉避光的环境中。

花卉种子储藏条件是保证种子寿命的关键。一般花卉种子应存放在低温、阴暗、干燥且通风良好的环境里，最重要的是要保持干燥。

4. 常见花卉种子储藏方法

（1）自然干燥储藏法 主要适用于耐干燥的一二年生草本花卉种子，经过阴干或晒干后装入袋中或箱中，放在普通室内储藏。

（2）干燥密封储藏法 将充分干燥的种子，装入瓶罐中密封起来储藏。

（3）低温干燥密封储藏法 将充分干燥密封的种子存放在1～5℃低温环境中储藏，这样能很好地保持花卉种子的生活力。

（4）层积沙藏法 有些花卉种子长期置于干燥环境下，易丧失发芽力，这类种子可采取层积法储藏。即在储藏室的底部铺上一层厚约10厘米的河沙，再铺上一层种子，如此反复，使种子与湿沙交互做层状堆积。如牡丹、芍药的种子采后可用层积沙藏法。但一定要注意室内通风良好，同时要注意鼠害。

（5）水藏法 王莲、睡莲、荷花等水生花卉种子必须储藏在水中才能保持其生活力和发芽力。

5. 播种时期

每种种子皆有其适合的播种期和发芽适温。以香豌豆为例，在种子包装上即详细注明，发芽适温15～20℃，所以播种期可根据当地的气候条件掌握正确的播种时间。另外，花朵开放期间不是理想的播种期。因此，若为一年生草花，夏季开花，适合在春季播种；二年生草花，春季开花，适合在秋冬季播种。

6. 播种方法

播种的方法大致可分为三种，即点播法、条播法和撒播法。

（1）点播法（图2-2） 适合直径0.5厘米左右即绿豆粒大小的种子。将播种土整平后，以适当距离用手或工具挖出数个浅穴，再将1～3粒种子放入穴中，并覆上介质、浇水。也可采用育苗盘点播。

（2）条播法（图2-3）　适合直径0.1～0.5厘米的略比芝麻大的中型种子。土整平后，用木板或尺做出数条适当距离的浅沟，然后将种子轻轻且均匀地洒在浅沟中，在种子上盖上薄土，浇水即可。

（3）撒播法（图2-4）　适合直径0.1厘米左右的小型种子。先将育苗盘中的播种土整平，然后把种子均匀地撒在土面上。若种子过小难以控制均匀时，可以把种子混合少量的沙子等再撒播，然后以喷雾器喷水。

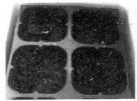

图2-2　育苗盘点播　　　　　图2-3　条播　　　　　图2-4　撒播

7. 覆土及覆盖

覆土厚度取决于种子大小，就一般标准来说，通常大粒种子覆土厚度为种子厚度的3倍左右；细小粒种子以不见种子为宜，最好用0.3厘米孔径的筛子筛土。覆土完毕后，在床面上覆盖芦帘或稻草，然后用细孔喷壶充分喷水，每日1～2次，保持土壤润湿。干旱季节，可在播种前充分灌水，待水分充分渗入土中再播种覆土。如此既可保持土壤湿润时间较长，又可避免多次灌水致使土面板结。

8. 播种后管理

播种后到出土前后，应注意保持土壤的湿润状态，当稍有干燥现象时，应立即用细孔喷壶喷水，不可使床土有过干或过湿的现象。播种初期可稍湿润一些，以供种子吸水，以后水分不可过多。种子发芽出土后，应及时揭去覆盖物，使其逐步见光，经过一段时间的锻炼后，才能完全暴露在阳光下，并逐渐减少水分，使幼苗根系向下生长、强大并苗壮成长。

二、扦插繁殖

扦插繁殖是植物无性繁殖的方法之一，是利用花卉营养器官具有的再生能力，发生不定根、不定芽的习性，切取其茎、根、叶的一部分，插入沙或其他基质中，使其生根或发芽成为新植株的繁殖方法。在露地一二年生花卉繁殖中，一般不采用扦插繁殖，但有些花卉如美女樱、波斯菊、一串红、五色草、半支莲、万寿菊等，为了保存优良母株特性或种子不足时，常采用扦插繁殖方法，一般取生长强健或年龄较幼的母本的枝梢部分作为插穗，并保留一部分叶片，在生长期进行。

第二节　栽培管理

露地一二年生花卉对栽培管理条件要求比较严格，在花圃中要占用土壤、灌溉和管理条件最优越的地段。

1. 整地

整地要求细致，土壤深翻30厘米，打碎土块，除去土中的残根、石砾等异物，杀死潜伏的害虫，同时施以腐熟而细碎的堆肥或厩肥作基肥，再耙平畦面。

2. 间苗

在子叶发生后即应进行，不宜过迟。间苗即对苗床幼苗去弱留壮、去密留稀，使幼苗之间保持一定距离，分布均匀。幼苗出土至长成定植苗期间应分2～3次进行间苗，每次间苗时同时拔除杂草和杂苗，间苗后需向苗床浇水。

3. 移植

经间苗的花卉幼苗生长迅速，为了扩大营养面积继续培育，还须分栽1～2次，这就是移植。通常当幼苗具5～6枚真叶时进行，苗不宜过大，对于一些较难移植的花卉，应于苗更小时进行。幼苗移植后立即向苗床浇1次透水，经3～4天缓苗期后茎叶舒展，此时追施液肥，勤松土、除草，为形成壮苗提供良好的条件。移植时，可采用裸根移植或带土移植，以在水分蒸发量极低时进行最适宜。花卉幼苗的株间距离为15～25厘米。

4. 定植

将具有10～12枚真叶或苗高约15厘米的幼苗，按绿化设计的要求定位栽到花坛、花境等绿地里，移植最后一次称定植。一般使幼苗根部带土栽植，以利成活，定植后必须浇足"定根水"。定植时花卉幼苗的株行距，以长成的成龄花株冠幅互相能衔接又不挤压为度，一般一二年生花卉为30厘米×40厘米。

5. 施肥

（1）**肥料的种类及施用量** 花卉栽培常用的肥料种类及施用量依土质、土壤肥力、前作情况、气候、雨量以及花卉种类的不同而异。花卉不宜单独施用某一种肥分的单一肥料，应氮、磷、钾配合使用，只有在确知特别缺少某一肥分时，方可施用单一肥料。

（2）**施肥的方法** 花卉的施肥，有基肥、追肥和根外追肥三种。

① 基肥。一般常以厩肥、堆肥、油饼或粪干等有机肥料作基肥。这对改进土壤的物理性质有重要的作用。厩肥及堆肥多在整地前翻入土中，粪干及豆饼等则在播种或移植前进行沟施或穴施。目前花卉栽培中已普遍采用无机肥料作为部分基肥，与有机肥料混合施用。

② 追肥。在花卉栽培中，为补充基肥的不足，满足花卉不同生长发育时期对营养成分的需求，常进行追肥。一二年生花卉在幼苗时期的追肥，氮肥成分可稍多一些，但在以后的生长期间，磷、钾肥料应逐渐增加，生长期长的花卉，追肥次数应较多。

6. 灌溉

小面积可用喷壶、橡皮管引自来水进行喷灌；大面积则可采用抽水机抽水、沟灌法、滴灌法、喷灌法等。灌水量及灌水次数，常以季节、土质及花卉种类不同而异，一二年生花卉容易干旱，灌溉次数应多一些。

7. 中耕除草

幼苗移植后不久，中耕应尽早、及时进行。幼苗渐大，根系已经扩大到植株之间，这时中耕应停止，否则根系易被切断，使生长受阻碍。幼苗期间中耕宜浅，随着幼苗生长而逐渐加深，或长成后由浅耕到完全停止中耕，株行中间处中耕应深，近植株处应浅。

8. 摘心

摘除枝梢顶芽，称之摘心。可使植株呈丛生状而开花繁多。同时能抑制枝条生长，促使植株矮化并能延长花期。草本花卉一般可摘心1～3次。适于摘心的花卉有百日草、一串红、翠菊、波斯菊、千日红、万寿菊、藿香蓟、金鱼草、桂竹香、福禄考及大花亚麻等。但主茎上着花多且花朵大的种类不宜摘心，如鸡冠花、蜀葵等。

9. 防寒

主要指二年生花卉中一些耐寒力较弱的种类，如矮牵牛，冬季过于寒冷时需稍加防寒越冬。常采用以下几种措施。

（1）覆盖法　即在霜冻到来之前，在畦面上用干草、落叶、马粪及草席等将苗盖好，晚霜过后再清理畦面，耐寒力较强的花卉小苗，常用塑料薄膜进行覆盖，效果较好。

（2）灌水法　即利用冬灌进行防寒。由于水的热容量大，灌水后可以提高土壤的导热量，将深层土壤的热量传到表面。同时，灌水可以提高附近空气的温度，可起到保温和增温的效果。

（3）烟熏法　即利用熏烟进行防寒。为了防止晚霜对苗木的危害，在霜冻到来前夕，南方在寒流到来前，可在苗畦周围或上风向点燃干草堆，使浓烟遍布苗木上空，即可防寒。

第三节　实　　例

一、石竹

1. 形态特征及习性

石竹别名洛阳花。原产于我国东北、西北及长江流域。石竹是宿根性不强的多年生草本花卉，通常作一二年生栽培。株高20～45厘米，茎丛生，直立。叶对生，互抱茎节部。叶条状宽披针形，灰绿色。花顶生枝端，单生或成对簇生，有时呈圆锥状聚伞花序，花径约3厘米，散发香气，花瓣5枚，有紫、红、粉、白等色，花瓣尖端有不整齐的浅齿。花期4～5月，果熟期6月，果实为蒴果。蒴果成熟时顶端4～5裂。种子黑色片状，千粒重约1克（图2-5）。

图2-5　石竹形态

石竹喜阳光充足，喜凉爽的气候，耐干旱、耐寒但不耐酷暑，怕潮湿和黏质土壤，怕水涝，喜排水良好、疏松肥沃的土壤和干燥、通风的栽培环境，尤喜富含石灰质的肥沃土壤。喜肥，但在稍贫瘠的土壤上也可生长开花。

2. 用途

石竹科花卉种类很多，常见的有须苞石竹（别名五彩石竹、美国石竹、十样锦）和锦团石竹（别名繁花石竹）等。石竹及其他石竹科花卉，花色艳丽、花朵繁密、植株低矮，多为丛生状，适宜用作花坛镶边材料、打造自然花境、布置岩石园或盆栽作为节日用花，也可作切花栽培（图2-6）。

图2-6　石竹用途

3. 繁殖

（1）**播种繁殖**　播种繁殖时间为9月初。播前1个月整地作床，因为石竹怕涝，故应作高床。温度在20℃左右时种子发芽率高，可达90%以上。播时种子混沙，以使撒播均匀，播后再用细沙土覆盖，以不见种子为度。播种后注意喷水保持湿润，5～7天即可发芽，10天后出苗整齐即可移植，株距为30～40厘米，翌年春天开花。幼苗期环境温度控制在10～20℃有利于壮苗。温度过高，播种较密时易造成幼苗细弱徒长。

（2）**扦插繁殖**　一些重瓣品种结实率低，可以采用扦插繁殖。石竹虽属多年生花卉，但多年生习性不强，一般栽培2年后，芽丛密而细弱，生长不良。扦插时间为10月至翌年2月下旬到3月。扦插是利用生长季或春季茎基部萌生的丛生芽条进行繁殖。在花期刚过时，将丛生芽条中粗壮的嫩枝剪下，去掉部分叶片，剪成5～6厘米长的小段，插于沙床或露地苗床，插后注意遮阴并保持空气湿度，一般15～20天便能生根，生根后再行移植。

4. 栽培管理

（1）定植 当播种苗长出1～2片真叶时进行间苗，长出3～4片真叶时进行移栽。栽植前施足底肥，深耕细耙，平整打畦。于11月初定植，使其冬前发棵。定植时株行距20厘米×40厘米。移栽后浇水，喷施新高脂膜，提高成活率。

（2）施肥 定植后每隔10天施用加5倍水的人畜粪尿液1次，翌年3月施用加3倍水的液肥1次，以后停止施肥。也可在旺盛生长期每隔半月施1次稀薄液肥。但石竹栽培不宜过肥，尤其对氮肥敏感，应控制其施用量。

（3）浇水 浇水应掌握不干不浇的原则。秋季播种的石竹，11～12月浇防冻水，翌年春天浇返青水。要想多开花，可进行2～3次摘心，使其多分枝，必须及时摘除腋芽，减少养分消耗。石竹花修剪后可再次开花。

（4）病虫害防治 石竹在幼苗期常因排水不良而患立枯病，因此，要注意雨后排涝，并可施用少量草木灰预防立枯病，病株应立即拔除。锈病用50%萎锈灵可湿性粉剂1500倍液喷洒，红蜘蛛用40%氧化乐果乳油1500倍液喷洒。

二、一串红

1. 形态特征及习性

一串红别名墙下红、西洋红、爆竹红等。株高70厘米左右，茎四棱、光滑，叶对生、卵形至阔卵形。总状花序顶生（图2-7）。喜光，喜温暖湿润的气候，不耐霜寒，生长适温为20～25℃，气温超过35℃以上或连续阴雨，叶片黄化脱落。喜疏松、肥沃、排水良好、中性至弱碱性土壤。

2. 用途

一串红常用于大型花坛、花境成片种植，也可作阶前、屋旁的摆设。在新春的3～4月、五一、六一、七一、国庆等各个节日市场上都有供应，增添节日气氛（图2-8）。

图2-7 一串红形态

图2-8 一串红用途

3. 繁殖

可采用播种法及草质茎扦插法进行繁殖。春秋均可播种，萌芽适温为18～22℃，8～10天可萌芽，真叶长出2～3枚时可移植。春秋两季均可进行扦插，自苗壮母株上选取8～10厘米长嫩枝作为插穗，10～20天即可生根。北京地区五一用花，于8月中、下旬播于露地，播后8～10天，种子萌发，10月上中旬将一串红假植在温室内，假植10余天后，根系长大，于11月中下旬可陆续上盆，翌年五一可盛开。国庆节用花，可于2月下旬或3月上旬在温室或阳畦播种。

4. 栽培管理

（1）浇水　喜湿润，不耐干旱，但忌积水，因此应采取排涝防涝等措施。

（2）光照温度　稍耐半阴，喜阳。但高温和过强的光照会使叶片灼伤，因此度夏时必须进行遮阳、叶面直接喷水和荫棚四周喷水降温，使其安全越夏。

（3）摘心修剪　从小苗6枚真叶开始摘心，一般每隔10～15天摘心1次，一直控制至花期前25～30天停止摘心，一般摘心后30天左右，新的花蕾即可盛开，6月花后就要进入高温天气，应于花后全修剪，有目标的留下植株下部健壮的叶芽。

三、凤仙花

1. 形态特征及习性

凤仙花别名指甲花、金凤花、凤仙透骨草，原产于我国南部，印度和马来西亚也有分布，现世界各地广为栽培。凤仙花为一年生草本花卉，株高30～80厘米，茎肉质、富含水分，节部膨大、粗壮、光滑、直立，茎色常与花色有关，茎部青绿色或红褐色至深褐色。叶互生、披针形、边缘有锯齿，叶柄有腺体，花大、单生或数朵簇生叶腋，花色繁多，有白、粉、雪青、红、紫及杂色等（图2-9）。花期6～8月，蒴果肉质、纺锤形、有绒毛，种子圆形、褐色，千粒重10克左右，成熟时易爆裂出，可在蒴果稍发白时采收。采收后的果实应充分翻晾，并及时清除已经开裂的果皮，否则肉质果皮水分很多，易引起霉烂。

凤仙花喜温暖和光照，不耐寒，喜湿润、排水良好、肥沃的土壤。因为茎部肉质肥厚，在夏季炎热干旱时，易落叶并逐渐凋萎。在阴湿环境下易徒长、倒伏、开花不良。

图2-9　凤仙花形态

2. 用途

凤仙花如鹤顶、似彩凤，姿态优美，妩媚悦人。因其花色、品种极为丰富，可作花坛、花境材料；可进行盆栽、丛植；可用作空隙地绿化；也可作切花水养。

凤仙花入药，可活血消胀，治跌打损伤、瘰疬痈疽，疗疮。凤仙花具有很强的抑制真菌的作用，抗过敏，可用鲜花汁擦涂治疗手癣脚癣。凤仙花颜色艳丽，用它来染指甲既能治疗灰指甲、甲沟炎，又是纯天然、对指甲无任何伤害的染色方法。

3. 繁殖

凤仙花以播种繁殖为主，同时具有自播繁殖能力，对土壤适应性很强。可在3～9月进行播种，其中以4月播种最为适宜，移栽则不择时间。凤仙花种子大且发芽迅速整齐，生长期在4～9月，种子播入盆中后，一般1周左右即发芽长叶，幼苗生长极快，一般不必温室育苗。长到20～30厘米时摘心，定植后，对植株主茎要进行打顶，增强其分枝能力，使株形丰满（图2-10、图2-11）。

图2-10　凤仙花发芽

图2-11　凤仙花幼苗

　　7月中旬开花，花期能保持40～50天。如果要保证国庆用花，则应于7月中、下旬播种，10月初即可开花。为了保证国庆期间用花质量，除选择较耐热的品种外，也可以于6月播种，7、8月将小苗放在海拔800米左右的山上越夏（图2-12）。

图2-12　凤仙花初蕾

4. 栽培管理

　　（1）定植　播种苗高5厘米或长出2～3片叶时就要开始移植，高12厘米左右时定植。由于幼苗生长迅速，要及时间苗，保证株行距为（30～40）厘米×（30～40）厘米。栽种凤仙花一般要选择土壤肥沃、土质疏松、深厚的地块，防止积水和通风不良，宜选用含有机质丰富、通透性好的培养土，可加入适量的羊粪等作底肥。

（2）施肥　在生长期间注意施肥，每隔半月施用加5倍水的人畜粪尿液1次，或每20～30天施肥1次，各种有机肥料或氮、磷、钾肥料均佳。为控制株高和株形，除前期多施氮肥外，成株后氮肥要控制施用，可增施磷、钾肥，促进开花，若生长已茂盛则免施肥也能开花。孕蕾前后施1次磷肥及草木灰。

（3）浇水　播种前，应将苗床浇透水，使其保持湿润。生长季节保证水分的供应，每天应浇水1次，尤其夏季浇水要及时并充足，每天应浇水2次，同时也要注意遮阴。夏季阴雨连绵，应注意排水。早晚适量浇水，总之不要使盆土干燥或积水。盆土干燥，植株极易萎蔫，待表现出萎蔫时再浇水很容易引起腐烂。整个生长季节要保持一定的空气湿度，夏季可以向叶面和地面喷水，以增加空气湿度，保持周围环境湿润。

（4）光照、温度　凤仙花适宜生长温度为16～26℃，花期环境温度应控制在10℃以上。冬季要入温室，防止寒冻。凤仙花喜光，也耐阴，每天要接受至少4小时的散射日光。夏季要进行遮阴，防止温度过高和烈日暴晒。而冬春季节凤仙花需充足的光照，因此不需遮阴。

（5）摘心　盆栽凤仙花开花后可将主茎打顶、剪去花蒂，并摘除主茎及分枝基部的花朵，不让其开花结籽，直至植株长成丛状为止，这样所有分枝顶部能同时开花繁盛，增加观赏价值。将基部的花朵随时摘去，也可促使各枝顶部陆续开花，但容易变异。花坛用植株为促开花也可作同样处理。

（6）病虫害防治　凤仙花栽植过密或遇阴天、夏天通风不良易患白粉病，可用1000～1500倍的甲基托布津可湿性粉剂喷治，并及时拔除、销毁病害植株、病叶等。如发生叶斑病，可用50%多菌灵可湿性粉剂500倍液防治。

凤仙花主要虫害是红天蛾，其幼虫会啃食凤仙叶片，可每隔10～15天喷洒75%的百菌清可湿性粉剂600～800倍液1次。蚜虫、盲蝽用40%氧化乐果乳油2000倍液喷杀。

四、万寿菊

1. 形态特征及习性

万寿菊别名臭芙蓉、蜂窝菊，是夏秋季不可缺少的花坛和花境用花。矮生种，株高30厘米，普通种株高40～60厘米，茎粗、丛生。叶对生或互生，羽状复叶。花序头状，单生枝顶，花期5～10月（图2-13）。性喜温暖，稍耐寒；喜阳光充足；对土壤要求不严；较耐旱。

图2-13　万寿菊形态

2. 用途

矮型万寿菊最适宜作花坛、花丛布置或花境栽植；高型万寿菊可作带状栽植代替篱垣，也可作切花（图2-14）。

图2-14　万寿菊用途

3. 繁殖

主要采用播种法进行繁殖。于春季播种，常于4月播于露地，5～7天即可出芽，真叶长出2～3枚可移植1次，5月下旬定植露地，一般自播种后70～80天开花。"国庆节"用花采用夏播，一般2个月左右可开花。

4. 栽培管理

（1）肥水　施足基肥，在生长期视土壤肥沃程度确定是否追肥，过多的追肥会引起徒长甚至倒伏，失去商品价值。天气干燥时注意充分浇水，长期保持青枝绿叶、花朵硕大。

（2）摘心　万寿菊在定植上盆时就要进行摘心，一经摘心就会提前萌生侧枝，使株形长得浑圆可爱，提高观赏价值。

（3）修剪　及时剪除凋谢的花与残花，避免与减少养分的浪费，并结合反季修剪控制植株的高度。

（4）种子采收　由于夏季高温，万寿菊所结的瘦果发芽率很低。采种时应采用9月以后开花所结的果实，当舌状花已卷缩失色，总苞发黄时即可摘取，晒干脱粒储藏。

五、蒲包花

1. 形态特征及习性

蒲包花别名荷包花、猴子花，为多年生草本植物，多作一年生栽培。原产南美、墨西哥等，澳大利亚和新西兰也有分布，现各地均有栽培。

蒲包花株高30～50厘米，全株有绒毛。单叶对生或轮生，叶面有皱纹，黄绿色。下部叶较大，上部叶较小，椭圆形。不规则聚伞状花序，顶生，花冠二唇形，上唇瓣小而直立前伸，下唇瓣大而鼓起成荷包状，又似拖鞋，花径约4厘米。花色有橙、粉、黄、褐、乳白、红、紫等深浅不同的颜色，复色品种则在各种颜色的底色上，有不同色的斑点（图2-15）。

图2-15 蒲包花形态

蒲包花喜凉爽、光照充足、空气湿润而又通风良好的环境，适宜在低温室内向阳处栽培。不耐高温、高湿，怕强光直射，不耐严寒。生长适温7～15℃，开花适温10～13℃，温度高于20℃便不利于生长和开花。要求肥沃、疏松、排水良好的微酸性沙质壤土，长日照可促进花芽分化和花蕾发育。春、夏、秋季高温时，应适当遮阳。盆栽时忌盆土积水，宜用排水良好、富含腐殖质的肥沃、疏松土壤。

2. 用途

蒲包花花形奇特、色泽鲜艳、花朵繁多，花期长且正值元旦、春节，可作节日花坛摆设，也可盆栽作室内装饰（图2-16）。

3. 繁殖

蒲包花种子细小，可于8月下旬至9月上旬混沙撒播于盆内，不需覆土，用浸盆法保持盆土湿润，播种适温18℃左右，10～15天发芽。苗刚出土，就立即移到有光照处，保持盆土湿润。发芽后要及时间苗，以免幼苗徒长而生长细弱，温度降低至15℃，置于通风而有光线处，以利幼苗苗壮成长。小苗长出2～3片真叶时，即应进行分苗，盆栽花土以腐叶土或混合培养土为好；当真叶长到5～6片时，应一盆一株，上口径10厘米的小盆定植养护。

图2-16 蒲包花用途

4. 栽培管理

（1）光照 蒲包花喜光，为长日照花卉，延长光照能提前开花。缓苗后宜放到通风、光照好的地方。如中午光线过强，需适当遮阳。

（2）温度 生长期温度不能过低或过高，应保持在8～12℃，否则小苗易徒长。在晴天无风天气，要打开天窗，通风换气。12月可上大盆定植。开花时适当降低湿度，温度控制在5～8℃，可延长开花期。

（3）人工授粉 蒲包花自然授粉能力差，结实较为困难，因此在开花期要进行人工授粉，受精后应摘去花冠，以免花冠霉烂，这样有利于种子发育饱满，还能提高结实量。中午应遮阳，加强室内空气流通，适当控制浇水量，以利种子发育成熟。蒴果变黄后即可分批采收，拣净，收储待用。

（4）施肥 蒲包花喜肥，定植后每隔10天施1次饼渣肥水，由稀薄逐渐加浓。花前生长季节每10天施腐熟饼肥水1次（稀释10倍），初花期增施以磷为主的肥料，施肥不可让肥水污染叶片，以免烂心、烂叶。开花后每周追施1次人畜粪尿液或饼肥液，勿使肥水沾在叶面，如有茎叶徒长现象，应及时停止或减少追肥。

（5）浇水　蒲包花喜温暖湿润环境，但忌盆土过湿及开花时浇水过多，因此，浇水要间干间湿。浇水时不能把水浇在叶面或芽上，否则容易烂叶、烂心。叶面如有积水，应及时吸去，但蒲包花要求较高的空气湿度，一般相对湿度要达80%以上，所以应经常往室内地面上喷水，增加空气湿度。

（6）病虫害防治　幼苗易发生猝倒病和腐烂病，可用1∶800的70%托布津可湿性粉剂喷洒。蚜虫、红蜘蛛等虫害也常有发生，生长期如盆土干燥易发生红蜘蛛，可用1∶2000的10%扫螨净乳油喷洒防治。花茎抽出后易发生蚜虫，可用1∶1000的40%氧化乐果乳油喷洒防治。

六、金盏菊

1. 形态特征及习性

金盏菊别名金盏花、长生菊，为重要的春季花坛用花卉，适合花坛、花境栽植，高性品种可用作切花。株高30～60厘米，被糙毛，多分枝。叶互生，全缘，矩圆形至矩圆状卵形，基部抱茎。头状花序单生，舌状花黄至深橙红色（图2-17）。瘦果弯曲。性较耐寒，不耐酷暑，炎热的夏季多停止生长。对土壤和环境条件要求不严，但在肥沃疏松的土壤中且向阳的地方生长更好。

图2-17　金盏菊形态

2. 用途

金盏菊植株矮生、密集，花色有淡黄、橙红、黄等，鲜艳夺目，是早春园林中常见的草本花卉，适用于中心广场、花坛、花带布置，也可作为草坪的镶边花卉或盆栽观赏。长梗大花品种可用于切花（图 2-18）。

图 2-18　金盏菊用途

3. 繁殖

金盏菊常于秋季进行播种繁殖。于 9 月上旬播于地畦，7～10 天后即可萌芽，经间苗与一次移栽即可入冷床越冬，供翌年春季用花。

4. 栽培管理

因易发生湿害，故种植畦易稍高，并开好排水沟，种植地尽量避免连作，若土地紧张需连作时，必须进行土壤消毒。

（1）上盆　经移植培养一段时间后，就要进入上盆阶段，上盆前制作好疏松肥沃的盆土，上盆时选好健壮的苗、淘汰有病的苗，上盆后遮光3～4天，则可促进成活，其后生长也良好。

（2）追肥　视植株生长情况酌情施用追肥，肥料过多易徒长。

（3）保暖　对供早春用花的金盏菊要做好保暖工作，冬季在大棚顶加盖塑料薄膜的环境里生长，这样可保持植株青枝绿叶、花团锦簇。但不宜在封闭式大棚里生长，否则易产生徒长而降低商品价值。

（4）修剪　在开花期间若能及时剪除残花，则可延长花期。

七、紫罗兰

1. 形态特征及习性

紫罗兰别名四桃克、草桂花、草紫罗兰，为亚灌木状二年生草本花卉。原产地中海沿岸，目前我国南部地区有广泛栽培。

紫罗兰茎基部木质化，直立，有时有分枝，株高30～60厘米，全株被灰色星状柔毛。单叶互生，叶片宽大，呈长椭圆形或倒披针形，先端圆钝，全缘。总状花序顶生或腋生，花梗粗壮，花紫红色、淡红色、淡黄色等，有芳香，花期4～5月。角果圆柱形。单瓣花能结籽，重瓣花不结籽，种子有翅（图2-19）。

重瓣紫罗兰形态　　　　　　　　单瓣紫罗兰形态

图2-19　紫罗兰形态

紫罗兰喜温和气候，忌酷热和严寒，适宜肥沃、湿润及深厚土壤。

2. 用途

紫罗兰花序大，色彩鲜艳且芳香，适宜布置春季花坛和花境，也可作盆栽观赏或作切花（图2-20）。

图2-20　紫罗兰用途

3. 繁殖

紫罗兰一般采用播种繁殖，早春在温室播种，夏、秋季开花，或秋季播种，早春在温室开花。采种宜选单瓣花者为母本，因其重瓣花缺少雌蕊，不能结籽，从盆栽母本中采种者，其第二代得瓣率较多。种子不宜过密，否则小苗易患猝倒病。播前盆土要保持较湿润的环境，播后要盖一层薄细土，播后不宜直接浇水，在半月内若盆土干燥、发白，可用喷壶喷洒或采用"盆浸法"（将盆置半截于水中，让水从盆底进入，直到盆面表土潮湿）来保持盆土湿润。播种后注意遮阴，15天右即可出苗。

注意秋播的时间不能太晚，否则将影响植株的生长、越冬、开花的数量及质量。

4. 栽培管理

（1）定植　幼苗于真叶展开前，可按6厘米×8厘米的株行距分栽于苗床，拔苗的时候注意不要伤到根须，要带土球，否则根系受损很难成活（图2-21）。定植前，应在土中施放些干的猪粪、鸡粪作基肥。定植后浇足定根水，遮阴但不使闷气。初霜到来之前，地栽的要带土团掘起，囤入向阳畦或上花盆置室内越冬。秋季播种的紫罗兰，在冬季正是花芽分化即将开花的时候，要注意保持一定的温度以利于花芽分化，通过增加光照或者人工补光等方法给植株增温，以使植株如期开放，但不要突然让植株处在比较热的暖气旁边。

图2-21　紫罗兰幼苗

（2）施肥　生长期追肥2～3次，为避免徒长，应少施氮肥，以磷、钾肥为主，宜用稀薄的麻枯水或猪粪水，见花后立即停止施肥。对高大的品种，花后宜剪去花枝，再追施稀薄液肥1～2次，能促使再发侧枝。施肥可与浇清水交替进行。

（3）浇水　盆栽者宜先放置在阴凉透风处，成活后再移至阳光充足处，隔天浇水1次。生长期应经常保持植株湿润，但要避免浇水过多，否则易导致根部病害。浇水最好从下面渗入，这样可保持基质表面较长一段时间干燥，可有效减少地种蝇和黑蝇等虫害的威胁。

（4）病虫害防治　紫罗兰经常受到猝倒病、霜霉病、菌核病、立枯病等病害的侵染。

① 猝倒病、立枯病。预防这两种病害要对育苗床进行消毒，及时拔除病苗。加强苗床通风、降湿，如苗床土潮湿，应撒施少量细干

土或草木灰。发现病株可喷洒75%百菌清可湿性粉剂800 ～ 1000倍液或65%代森锰锌可湿性粉剂600倍液或64%杀毒矾可湿性粉剂500倍液。

② 菌核病。预防菌核病需要对盆土进行消毒处理，比如用50%退菌特可湿性粉剂对土壤消毒，然后用50%速克灵1500倍液喷洒或用50%农利灵1000倍液或50%菌核净1000倍液喷洒。

③ 霜霉病。防治这种病害发生，可以喷施58%瑞毒霉锰锌可湿性粉剂600倍液或64%杀毒矾可湿性粉剂500倍液或40%乙磷铝可湿性粉剂250 ～ 300倍液喷施防治。

④ 蚜虫病。可以喷施乐果或氧化乐果防治。

⑤ 根结线虫病。可用3%呋喃丹防治。

八、三色堇

1. 形态特征及习性

三色堇别名猫脸花、蝴蝶花，常作一二年生栽培。株高15 ～ 20厘米，全株光滑，分枝多。叶互生，基生叶卵圆形，有叶柄；茎生叶披针形，具钝圆状锯齿，或呈羽状深裂，托叶宿存。花梗细长，单花生于花梗顶端（图2-22）。蒴果椭圆形，呈三瓣裂。种子倒卵形。性喜比较凉爽的气候，较耐寒而不耐暑热。要求适度阳光照射，能耐半阴。要求肥沃湿润的沙质壤土，在贫瘠的土壤中生长发育不良。

图2-22　三色堇形态

2. 用途

三色堇花色瑰丽、株型低矮，在庭院布置中常地栽于花坛上，可作毛毡花坛、花丛，或成片、成线、成圆镶边栽植。也适宜布置花境、草坪边缘。不同的品种与其他花卉配合栽种，能形成独特的早春景观。此外，也可盆栽布置阳台、窗台、台阶或点缀卧室、书房、客厅，颇具新意、饶有雅趣。（图2-23）

图2-23　三色堇用途

3. 繁殖

（1）播种繁殖　三色堇的播种春、秋两季均可进行，但以秋播为好。播种宜采用较为疏松的人工介质，可采用床播、箱播，有条件的可穴盘育苗，介质必须要经消毒处理。3月春播时，适合播于加底温的温床或冷床。秋播一般在8月下旬至9月上旬进行，将种子播于露地苗床或直接盆播，播后保持温度15～20℃，避光遮阴，用粗蛭石或中沙覆盖，保持介质湿润，经10天左右可陆续发芽。

（2）扦插繁殖　扦插繁殖可保持母株的优良性状。三色堇的扦插宜在5、6月进行，剪取植株基部抽生的枝条作为插穗，插入泥炭土中，保持空气湿润，插后15～20天后可生根，成活率高。

4. 栽培管理

（1）定植　当幼苗长至5～6片真叶时开始移植，移植时要带土球。11月定植，定植前2～3周施用加10倍水的人畜粪尿液基肥1次，定植后施肥要勤，使之茂盛和耐寒，以每周1次为宜。定植距离一般为20～30厘米。翌年4月下旬开花。开花前施用加3倍水的人畜粪尿液1次，以后不必再施。三色堇种子成熟以首批为最好，因其种子极易散失，因此采种要及时，一般是在果实开始向上翘起，外皮发白时进行采收。由于三色堇可以进行异花授粉，所以留种时要进行品种间间隔，彼此相距百米以上。

（2）浇水　三色堇喜湿润，忌涝怕旱。盆土稍干时浇水，保持盆土偏湿润不渍水为好。并且经常向茎叶喷水，保持周围空气的湿润，以利其生长。如果在花期多湿，就会造成茎叶腐烂、开花时间缩短、结实率低。

（3）施肥　三色堇喜肥不耐贫瘠，适宜在肥沃湿润的沙壤土中生长，在贫瘠土地中会显著退化。发芽力可保持2年。上盆时要在土壤中加入一些腐熟的有机肥或氮磷钾复合肥作基肥，此外，还要在其生长期薄肥勤施，7～10天施肥1次即可。苗期可适当施氮肥，现蕾期、花期应施用腐熟的有机液肥或氮磷钾复合肥，同时控制氮肥使用量，如果单施或多施氮肥会造成枝叶徒长、茎干变软、叶多花少。切忌缺肥，否则不仅开不好花，还会造成退化。

（4）光照　光照是开花的重要限制因素。三色堇喜充足的日光照射，光照长短比光照强度对开花的影响大，光照不良，开花不佳。在栽培过程中应保证植株每天4小时以上的日光直射。但因其根系对光照敏感，在有光条件下，幼根不能顺利扎入土中，所以胚根长出前不需要光照，当小苗长出2～3片真叶时，应逐渐增加光照，使其生长更为茁壮。

（5）温度　三色堇在12～18℃的温度范围内生长良好，可耐0℃低温。温度是影响三色堇开花的限制性因子，在白天15～25℃、夜间3～5℃的条件下发育良好。小苗须经28～56天的低温环境，才能顺利开花，如果直接种到温暖环境中，反而会使花期延后，如果温度连续在30℃以上，则花芽消失。

（6）病虫害防治　三色堇在春季雨水过多时易发生灰霉病，可用65%代森锌可湿性粉剂500倍液喷洒。在生长期常受蚜虫危害，

5～7月危害期可用40%氧化乐果乳油1500～2000倍液喷洒，每隔1周喷1次，连喷2次效果好。一般家庭栽培的，可用香烟头泡水至茶色喷洒或浇于根部土壤，每周浇1次，连续浇3次，能得到较好的防治效果。

九、矮牵牛

1. 形态特征及习性

矮牵牛别名矮喇叭花、碧冬茄、番薯花等。常作一年生栽培。株高30厘米左右，全株被覆腺毛，叶互生、上部对生（图2-24）。性喜温暖、喜阳光，不耐寒，适应性强，耐瘠薄，但在湿润肥沃的土壤中生长特别好，土壤过肥，则易生长过于旺盛，致使枝条徒长倒伏。

图2-24　矮牵牛形态

2. 用途

适于室内盆栽观赏，可吊盆栽植。矮牵牛花大色艳、花色丰富，为长势旺盛的装饰性花卉，可以广泛用于花坛布置、花槽配置、景点摆设、窗台点缀、家庭装饰等。（图2-25）

图2-25 矮牵牛用途

3. 繁殖

以播种繁殖为主，可春播也可秋播。露地春播在4月下旬进行，如欲提早开花，需提前在温室内盆播。秋播通常于9月进行。矮牵牛种子细小，播种工作应细致进行，通常宜盆播。蒴果成熟时尖端发黄，应及时在清晨进行采收，以免蒴果开裂散失种子。一些品种不易收到种子，可采用扦插繁殖，5～6月和8～9月扦插成活率较高。采条扦插的母株应将老枝剪掉，利用根际处新萌出来的嫩枝作插穗。

4. 栽培管理

（1）移植摘心 当真叶5～6枚时进行移植，间距5厘米见方或移植于直径约8厘米的花盆中，此时进行摘心，待苗成长20天后，盆栽的矮牵牛换上直径12～14厘米的花盆，培育至开花。矮牵牛在栽培过程中，要经常进行摘心，这样可限制株高，还能促使其萌发新芽，使盆栽矮牵牛更显丰满。

（2）肥水 移栽、定盆后，一般每隔10～15天施复合肥1次，直至开花。施肥不要过多，盆土不宜太湿，否则容易徒长倒伏。

（3）栽培管理 矮牵牛在生长期间，需注意修剪整形、施肥等管理措施，开花可至霜降。如果在霜降前2天入温室或大棚，重新换盆、疏根、施肥和分期进行修剪、摘心，这样就可继续生长开花，变成多年生的花卉。

十、福禄考

1. 形态特征及习性

福禄考别名洋梅花、桔梗石竹、草夹竹桃等，原产于北美洲南部，为一年生草本花卉，茎直立，多分枝。叶阔卵形、矩圆形至披针形，被绒毛，基生叶对生，茎生叶互生。顶生聚伞花序，花冠高脚碟状，原种为红色，现有白、蓝、紫、粉等颜色，还有复色品种。花期6～9月，盛花期6月末至8月初。蒴果圆球形，种子椭圆形，浅褐色（图2-26）。

图2-26　福禄考形态

福禄考喜凉爽，但耐寒性不强，喜温暖，不耐旱，忌酷暑，忌碱性土壤，喜疏松、排水良好的中性或微酸性肥沃土壤。种子的发芽率较低，生活力可保持1～2年。

2. 用途

福禄考株形低矮、花期整齐、花色鲜艳，适合作春夏花坛、花境及岩石园的植株材料，亦可作盆栽供室内装饰观赏。植株较高的品种可作切花（图2-27）。

图2-27 福禄考用途

3. 繁殖

（1）**分株繁殖** 分株繁殖方法操作简便、成活迅速，但不适合大量繁殖。以早春或秋季进行最为适宜。利用宿根福禄考根蘗分生能力强、在生长过程中易萌发根蘗的特性，将母株周围的萌蘗株挖出栽植。萌蘗株尽量带完整根系，以提高成活率。

（2）**压条繁殖** 压条繁殖通常可在春、夏、秋三季进行。

① 堆土压条。将其基部培土成馒头状，使其生根后分离栽植即可。

② 普通压条。将接近地面的一二年生枝条，使下部弯曲埋入土中，枝条上端露出地面，压条时，预先将埋进土里的部分枝条的树皮划破（可释放养料，利于生根），30天左右生根后，即可与母株分离栽植。

（3）**扦插繁殖** 福禄考的扦插繁殖可用根插、叶插和茎插。

① 根插。在春、秋季进行，结合分株栽植，将部分根截成长30厘米左右的小段，平埋于素沙中，在15～20℃条件下，保持土壤湿润，30天左右即可生长出新芽。

② 叶插。在夏季取带有腋芽的叶片（叶片保留1/2左右），带2厘米长茎，插于干净无菌的素沙中，注意遮阴，并保持土壤湿润，30天左右可生根。

③ 茎插。在春、夏、秋季进行，一般在花后进行。茎插适用于大批量生产，结合整枝打头，取生长充实的枝条，截取3～5厘米长

的插条，插入干净无菌的素沙中，株行距为2～3厘米，保持土壤湿度即可，30天左右可生根。夏季注意喷1～2次800～1000倍50%的多菌灵溶液，防止插条腐烂。

（4）播种繁殖　福禄考播种，春播、秋播均可。

① 春播。于2～3月进行，在温室或温床中播种，温度保持在15～20℃，温度过高不易发芽。其种子在正常条件下发芽也较慢，且不整齐，一般经2～3周可发芽出苗，6～7月即可开花。福禄考种子发芽厌光，因此播种后应注意严密覆土。然后用塑料薄膜拱棚式覆盖，经7～10日即能发芽成苗。

② 秋播。于9月上、中旬播种福禄考后，要轻轻覆一层薄土或者将种子混沙播种，播后保持土壤湿润。秋播必须注意小苗的越冬，若晚上温度突然降低时，可用草席覆盖保温，以免受冻，秋播苗翌年5月即可开花。

4. 栽培管理

（1）定植　在种苗3～4片真叶期进行分苗移植。幼苗初期节间短，略显莲座状。如果播种过密，分苗不及时，会造成幼苗徒长、茎细弱、节间伸长，这样的苗移植后不易成活或株形差、生长势弱，因而应适当控制浇水并充分见光，及时分苗。移植后株行距为（20～25）厘米×（20～25）厘米，因其株丛小、分支细弱，应用时株行距不宜过大，否则不能覆盖地面，影响观赏效果。盆栽每盆宜栽3～4株。

（2）肥水　福禄考不喜肥，因此不宜过多施肥，生长期间追施1～2次5倍水的人畜粪尿液即可。生育期或开花期间，每隔20～30天均需用氮、磷、钾肥料追肥1次。平时要保证水分的供应但不能积水，雨季注意排水防涝。福禄考植株矮生、枝叶被毛，因此浇水、施肥应避免沾污叶面，以防枝叶腐烂。

（3）光照温度　福禄考宜生长在阳光充足、气候凉爽的环境条件下，这样也无须用矮壮素来控制株形。阳光不足，会导致花色不鲜艳。当环境条件不理想时，喷洒1～2次矮壮素可以防止徒长。福禄考忌酷暑，因此夏季中午要适当遮阴。

（4）病虫害防治　褐斑病发病初期可以使用下列药物喷施防治：69%安克锰锌1500倍溶液、58%瑞毒霉锰锌1000倍溶液、64%杀毒矾1500倍溶液，或用50%百菌清烟剂薰防，用量1000克/亩。细菌性斑点病可用硫酸链霉素2000～2500倍溶液全株喷施防治。

十一、金鱼草

1. 形态特征及习性

金鱼草别名龙口花、龙头花、洋彩雀等，多年生草本作一二年生栽培。株高15～120厘米。叶下部对生，上部螺旋状互生，短圆状披针形或披针形，长可达8厘米，光滑。总状花序顶生，长25～60厘米，花具短梗，长约4厘米；花冠唇形，基部膨大成囊状，外被绒毛。花色有深红、玫红、粉、黄、橙、栗、淡紫、白等色，并有复色品种，自然花期为4～7月（图2-28）。性较耐寒，喜凉爽，不耐酷暑；喜阳，稍耐半阴，大部分品种为典型长日照花卉，但有些品种对光周期不敏感。宜在疏松、肥沃、排水良好的土壤中生长，适宜中性或稍碱性土壤。

图2-28　金鱼草形态

2. 用途

金鱼草花形奇特，花色浓艳丰富，花期又长，是园林中最常见的草本花卉，可盆栽观赏和作花坛、花坛镶边或切花用（图2-29）。

图2-29　金鱼草用途

3. 繁殖

切花金鱼草完全采用播种繁殖，在18～21℃条件下，1～2周出芽。播种量每平方米约3000粒种子。种子开始露芽时，即自间歇喷雾区搬走，转移到床温较高的地段。基质温度20℃左右时，种子发芽后，逐渐降低空气湿度，减少灌水，将室温降至16℃，通风，加强光照。

4. 栽培管理

（1）分苗　在播种苗第一对真叶完全展开、发育充实时，进行分苗。将幼苗分栽到移苗浅盘中，苗间距为5厘米见方。幼苗在浅盘中长到10厘米高时，就应定植。

（2）摘心　对于适合摘心的品种，播种苗定植后长到20厘米高时摘心，摘去顶端3对叶片，摘心后通常发出4枝好的侧枝，注意疏去多余的弱枝。

（3）拉网　随着植株向上生长，须加设切花网，以防花枝倒伏。通常有两层网，下层网距地面30～40厘米，上层网距下层网10～15厘米。

（4）光照温度　出芽后，温度可控制在13～18℃。分苗后，待幼苗恢复生长势时，温度应降至10℃左右，维持2～3周。以后，昼温维持在20～24℃，夜温保持在15℃左右。冬季可耐短时间2～3℃低温不受冻，但若在花蕾期遭遇低温，则会产生盲花或劣质花。另外，冬季低温也会使花期推迟。喜长日照、强光照。冬季促成栽培，应进行补光。

（5）肥水 生长期间每15天可追肥1次。保持水分充足，浇水时不要浇到花，否则易凋谢，伏天要注意防涝。

十二、鸡冠花

1. 形态特征及习性

鸡冠花别名鸡冠头、红鸡冠、鸡公花等，一年生草本花卉。株高25～90厘米，茎直立光滑，上部扁平状，稀分枝，有棱状纵沟，叶互生、有柄，披针形至卵状，变化多样，全缘。顶生扁平穗状花序，肉质，也有圆锥状的，花色有紫、橙、红、黄及白等色（图2-30）。鸡冠花不耐寒，怕涝耐旱，喜炎热而空气干燥的环境条件，喜阳光充足，适宜于土地肥沃、排水良好的沙质壤土中种植。

图2-30 鸡冠花形态

2. 用途

鸡冠花色彩丰富，有鲜红、橙黄、红黄相嵌等，适用于花境、花丛等。还有穗状花序的凤尾鸡冠和鸡冠状花序回环卷曲的绒球鸡冠，可进行盆栽，点缀庭园、篱边、墙角或群体摆放在城市中心广场、公园主干道花坛、商厦入口等处（图2-31）。

图2-31　鸡冠花用途

3. 繁殖

鸡冠花均采用种子繁殖。播种期在3月下旬至4月中旬，种子播入露地苗床，覆土要薄。白天保持21℃以上，晚上17℃以上，约10天可出苗，长出2～3片真叶，1个月时移栽1次。6月初定植于露地，或移苗后20天定植。移植或定植后要适量浇水。

4. 栽培管理

（1）肥水　鸡冠花耐旱性佳，要注意防止土壤积水，但是在生长旺期耗水量大，夏季炎热时要充分灌水，但又要防止灌水过多导致徒长。如果土壤瘠薄，可追施1～2次液体肥料。待花冠形成后可勤施薄肥，促其长大。

（2）修剪　在养护上采取摘除侧枝的方法促进主枝生长，也有在株高20～30厘米时进行摘心的，可推迟花期1周，用于切花。但是鸡冠花的分枝不多，因此摘心时要慎重进行。注意避免沾污下部叶片，保持叶片清洁，以免叶片脱落，影响美观。

（3）病虫害防治　鸡冠花病虫害少，但要注意预防苗期发生立枯病。用乐果防治蚜虫危害。

十三、千日红

1. 形态特征及习性

千日红别名火球花、杨梅花、千年红，原产热带美洲地区，为一年生草本花卉。茎强健，上部多分枝，节部膨大，梢株呈半球形。叶对生、全缘、长圆形，叶片上被灰白色长毛。头状花序，球形，单生于枝顶。花色为紫红色，栽培变种有千日白（花白色）、千日粉（花粉色）（图2-32）。花期7月至降霜。花被片外部密被白色绵毛，种子近球形。

图2-32 千日红形态

千日红生性强健，对环境要求不严，喜温暖阳光、炎热气候，耐干热，不耐寒，怕霜雪，要求肥沃和排水良好的沙壤土。生长适温为20～25℃，在35～40℃范围内生长也良好，冬季温度低于10℃植株生长不良或受冻害。千日红耐修剪，花后修剪可再萌发新枝，继续开花。

2. 用途

千日红植株低矮、繁花似锦、花色鲜艳，为优良的园林观赏花卉，且花后不落，色泽不褪，仍保持鲜艳。可作花坛、花境栽植材料，也可盆栽或作鲜切花（图2-33）。千日红在花序已伸长、下部小花未褪色前，剪取花枝，捆扎成束，倒挂于阴凉处，干后即可作干花材料。

图2-33　千日红用途

千日红头状花序经久不变色，除用于花坛及盆栽外，还可用于制作花环、花篮等装饰品。

3.繁殖

（1）播种繁殖　千日红发芽适温16～23℃，3～4月春播或9～10月秋播，以直播为好。种子布满短密的绒毛，互相粘连，因此出苗迟缓，不易播种且发芽率低。为促使其快出苗，播种前要进行催芽处理。播前可先用温水浸种1天或冷水浸种2天，然后挤出水分，待稍干，拌以草木灰或细沙，用量为种子的2～3倍，使其松散，便于播种。或用粗沙揉搓，将绒毛揉掉后再播。选用地下水位高、排水良好、土质疏松肥沃的沙壤土地块作为苗床。播后略覆土，温度控制在20～25℃，10～15天可以出苗。

（2）扦插繁殖　在6～7月剪取健壮枝梢，长3～6厘米，具3～4个节，将插入土层的节间叶片剪去，以减少叶面水分蒸发。插入沙床，温度控制在20～25℃，插后18～20天可移栽上盆。如果温度低于20℃，发根天数会推迟5～7天。

4. 栽培管理

（1）施肥　待幼苗出齐后间1次苗，让它有一定的生长空间，不会互相遮盖，间苗后用1000倍的尿素液浇施，施完肥后要及时喷洒叶面，以防肥料灼伤幼苗。除在定植时用腐熟鸡粪作为基肥外，生长旺盛阶段还应每隔半个月追施1次富含磷、钾的稀薄液体肥料。花前增施磷肥1次，花后可进行修剪和施肥，促使重新抽枝，可再次开花。

（2）浇水　千日红喜微潮、偏干的土壤环境，较耐旱。因此当小苗重新长出新叶后，要适当控制浇水；当植株花芽分化后，适当增加浇水量，以利花朵正常生长。

（3）光照　千日红喜阳光充足的环境，栽培过程中，应保证植株每天不少于4小时的直射阳光。栽培地点不可过于荫蔽，否则植株生长缓慢、花色暗淡。

（4）温度　生长适宜温度为20～25℃，在35～40℃范围内生长也良好，冬季温度低于10℃植株生长不良或受冻害。

（5）摘心　幼苗需移植或间苗1次，移苗后需遮阴2～3天，保持土壤湿润，否则易倒伏。当苗高15厘米时摘心1次，促发侧枝，使多开花。以后，可根据生长情况决定是否进行第2次摘心。整形修剪时应注意对植株找圆整形，以使千日红有较高的观赏价值。当植株成型后，对枝条摘心可有效地控制花期。花朵开放后，保持盆土微潮状态即可，注意不要往花朵上喷水，停止追施肥料，保持正常光照即可。花后应及时修剪，以便重新抽枝开花。

（6）病虫害防治　千日红在夏季高温、多湿时有时发生叶斑病和病毒危害，可用10%抗菌剂401醋酸溶液1000倍液喷洒防治。此外要避免连作，注意雨季排水。预防发生立枯病，可于播种前5～6天，用1500倍液的立枯宁处理苗床；若已发病，可用1000倍液的立枯宁对病株灌根。

十四、美女樱

1. 形态特征及习性

美女樱别名草五色梅、四季绣球、铺地马鞭草、铺地锦，为多年生草本花卉，常作一二年生栽培。原产于南美巴西、秘鲁、乌拉圭等地，现世界各地广泛栽培。

美女樱株高20～50厘米，茎四棱、低矮，匍匐状外展。全株被灰色柔毛。叶对生，有柄，长圆形或卵圆形，边缘有整齐的圆钝锯齿。穗状花序顶生，花小，呈漏斗状，密集成伞房状排列，花序全长6～9厘米。花萼细长筒状。花色多，有白、深红、粉红、蓝、紫等，且有复色品种，花略具芳香（图2-34）。花期长，6月至霜降不断开花，蒴果9、10月成熟，种子呈棒状，长4～5毫米，浅黄色，千粒重2.5克。

图2-34　美女樱形态

美女樱喜温暖湿润气候，喜阳光，不耐阴亦不甚耐寒，不耐干旱，在疏松肥沃、较湿润、排水良好的土壤中生长健壮，开花亦繁茂，生长适温10～25℃。稍耐微碱性土壤。在我国上海等温暖地域可作二年生栽培，能露地越冬。

2. 用途

美女樱植株低矮、分枝繁茂、花期甚长，适合作花坛、花境和盆栽的材料，也可在林缘、草坪成片栽植，还可作切花材料。此外直立丛生品种可作盆栽。美女樱在欧洲常见于吊钵栽培以及阳台和花坛的装饰花（图2-35）。

美女樱混色种植或单色种植可用于公路干道两侧绿化带，也可用于交叉路口转盘处以环状方式种植，由里至外采用不同颜色，形如铺地彩虹，视觉效果甚佳。

图2-35 美女樱用途

3. 繁殖

繁殖主要用扦插、压条，亦可分株或播种。

（1）**播种繁殖** 播种繁殖通常在9月初播于苗床或盆内，因其种子少、发芽慢且出苗不佳，生产上较少使用。

（2）**扦插繁殖** 扦插可在气温15℃左右的季节进行，剪取稍硬化的新梢，切成约6厘米的插条，插于温室沙床或露地苗床。扦插后即遮阴，2～3天以后可稍受日光，促使生长。需15天左右发出新根，当幼苗长出5～6枚叶片时可移植，长到7～8厘米高时可定植。

（3）压条繁殖 也可用匍匐枝进行压条，待生根后将节与节连接处切开，分栽成苗。还可将节间生根枝条切下分栽。

4. 栽培管理

（1）施肥 每半月施薄肥1次，用10～15倍水稀释的人畜粪尿液喷施，以使新梢发育良好。花前增施磷、钾肥2～3次。

（2）浇水 栽培美女樱应选择疏松、肥沃且排水良好的土壤。因其根系较浅，夏季应注意浇水，干旱则长势弱、分枝少。雨季生长旺盛，茎节着地极易生根，但水分过多会引起徒长、开花减少。若缺少肥水，植株生长发育不良，有提早结籽现象。

（3）温度 喜欢温暖气候，忌酷热，在夏季温度高于34℃时明显生长不良；不耐霜寒，在冬季温度低于4℃时进入休眠或死亡。最适宜的生长温度为15～25℃。一般在秋冬季播种，以避免夏季高温。

（4）光照 春夏秋三季需要在遮阴条件下养护。在气温较高的时候（白天温度在25℃以上），如果它被放在直射阳光下养护，叶片会明显变小，枝条节间缩短、脚叶黄化、脱落，生长十分缓慢或进入半休眠的状态。

（5）修剪摘心 每2个月剪掉1次带有老叶和黄叶的枝条，只要温度适宜，能四季开花。在开花之前一般要进行2次摘心，以促使萌发更多的开花枝条。进行2次摘心后，株型会更加理想，开花数量也多。

（6）病虫害防治 美女樱露地生长期不需特殊管理，生长健壮，抗病能力较强，很少发生病虫害。当有白粉病、根腐病时，可用70%托布津可湿性粉剂1000倍液喷杀。蚜虫、粉虱可用2.5%鱼藤精乳油1000倍液喷杀。

十五、半支莲

1. 形态特征与习性

半支莲别名太阳花、龙须牡丹、洋马齿苋，为一年生、肉质草本花卉。原产于巴西等南美洲热带地区，易生于水田边、溪边或湿润草地上，主要分布在海拔2000米以下的地区，现我国各地均有栽培。

半支莲株高10～20厘米，茎肉质圆形，匍匐状或斜伸，多数带紫红色，多分枝。单叶互生或散生，叶片肉质、圆柱形、银绿色。花1朵至数朵簇生于枝顶，花径2.5～4厘米，基部有8～9枚轮生的叶状苞片。单瓣、半重瓣或重瓣，花色鲜艳丰富，有红、黄、紫、白等色以及一些中间色（图2-36）。其花朵于阳光充足的上午逐渐开放，午后至傍晚陆续凋谢，故而别名午时花、太阳花。花、果期6～9月，蒴果圆形，盖裂，种子细小，具银灰色金属光泽。

图2-36　半支莲形态

半支莲属强阳性花卉。喜欢温暖、阳光充足和稍干燥的环境。不耐寒，不耐阴湿，忌酷热。对土壤要求不严，耐贫瘠，栽培以土层深厚、疏松、肥沃、排水良好的沙质壤土或腐殖质壤土为好。土壤黏重和低洼易积水的地块不宜栽种。常野生于丘陵和平坦地区的田边或溪沟旁。喜比较湿润的环境，过于干燥的地区生长不良。

2. 用途

半支莲适应性强，株形矮小，生长健壮，花色丰富，花朵娇美，是布置花坛、花台、花境、岩石园的常用花卉，也可盆栽观赏，是很好的阳台花卉（图2-37）。

图2-37 半支莲用途

3. 繁殖

（1）播种繁殖 半支莲种子细小，要求播种表土细平，播种前用60℃的水浸种24小时，捞出稍晾干，按1：100的比例与细沙土（过细筛）混合均匀，再均匀撒入畦内，如此撒播种子发芽整齐。播种不宜过密，播后不覆土或稍覆土，以土表不露种子为宜，上盖草苫或农膜。播种在4～5月进行，播于露地苗床，7～8天后即可出苗。苗出全后揭去覆盖物，随即喷1次水，以后隔3～4天喷1次水。苗高5厘米时向大田移栽，于5月中、下旬定植，行、株距各20厘米，每穴1株。半支莲也可自播繁殖。

（2）扦插繁殖 半支莲扦插繁殖极易成活，春、夏、秋三季均能扦插育苗，插入稍湿润的土壤中，盆栽或花坛均可直接插枝。夏秋扦插，土壤不可太潮湿，否则易腐烂。7～8月生长期剪取嫩枝扦插，极易生根成活，1周左右即可生根成活，故得名"死不了"。

4. 栽培管理

（1）施肥　每隔半月可施用加5倍水的人畜粪尿液1次，进入花期要注重追施磷钾肥，每20～30天追肥1次。施后覆土并培土，以利保温防寒。大苗期的半支莲生长迅速，开花旺盛。

（2）浇水　半支莲较耐旱，怕积水，天旱时适当补充水分。苗期要经常保持土壤湿润，不能缺水。遇干旱季节应及时灌溉。雨季及每次灌大水后，要及时疏沟排水，防止积水淹根苗。花后蒴果成熟，遇晴天易盖裂使种子散落，应在花瓣干枯易落时采摘。

（3）病虫害防治　半支莲病虫害较少。白锈病用等量式波尔多液喷洒，虫害用10%除虫精乳液2500倍液喷杀。若苗期发现猝倒病或腐烂病，应控制浇水，使其充分见光，及时分苗，并在患处施以百菌清防治。

第三章

常见宿根花卉的栽培

宿根花卉大多数要求阳光充足，只有少数种类要求半阴。宿根花卉环境适应性强，有两种生态类型，一种是寒冷地区生态型，即露地宿根花卉，另一种是温暖地区生态型，即温室宿根花卉。

第一节 繁 殖

宿根花卉可播种繁殖，但常以营养繁殖为主，有分株、扦插、压条和嫁接繁殖等。

1. 播种繁殖

由于很多种宿根花卉自播种到开花年限过长或不易结实等，因此一般不采用。但对一些易得种子且播后一二年就能开花以及培育新品种时，常采用播种繁殖。

播种时间上，对耐寒力较强的宿根花卉可春播、夏播或秋播，最好是种子成熟后立即播种，这样播后至当年冬季植株生长强健，越冬力强，有利于翌年开花。对一些要求低温与湿润条件完成种子休眠的花卉，种子有上胚轴休眠现象，则需秋播。对不耐寒宿根花卉可春播或种子成熟后即播。

2. 分株繁殖

因宿根花卉能从母株上发生一些不同类型的营养器官，如萌蘖、匍匐茎、走茎、根茎芽等。

（1）萌蘖　从地下根或茎上发生的小植株称为萌蘖。从根上发生的称"根蘖"；从根颈部或地下茎长出的称"茎蘖"。

（2）走茎　走茎是细长的地上茎，从叶丛中长出，有节并且节间长，在节上发生小植株，这些小植株常是根叶丛生状，根叶丛生的幼株摘下进行栽植极易成活，如虎耳草。这类植株具有细长的根茎，节生根生芽，用此繁殖形成幼株。

分株法是将母株上发生的这些小植株分割下来，并分别将其栽植成为独立的新植株，这是宿根花卉的主要繁殖方法。

（1）分株时间　应根据花卉种类来确定，通常在分株时，幼株已具有完整的根、茎、叶，比较容易成活。春季开花的花卉，一般秋季分株，应在地上部已进入休眠、地下根未停止活动时进行，如芍药；在秋季开花的，应春季分株，应在发芽前进行，如菊花。

（2）分株方法　将植株挖起，抖掉泥土，找出根系的自然分叉处；将幼株与母株分开，重新栽植。如图3-1所示。

找出根系的自然分叉处　　　　　　将幼株与母株分开，重新栽植

图3-1　分株繁殖操作过程

3. 扦插繁殖

（1）根插　有些花卉可自根上发生不定芽形成幼小植株。一般可进行根插的花卉，具有粗壮的根，根系粗度大于2毫米时，才能作插穗，长度3～14厘米不等。根插时间根据种类不同而定，一般在晚秋或早春进行，冬季亦可在温室的温床内进行，还可在秋季挖起母株，

将根系储藏越冬，翌年春季再进行扦插。

（2）茎插 春季发芽后到秋季生长停止前都可进行宿根花卉的茎插，但在露地进行，最好是在七八月雨季进行。茎插又可分为芽叶插、软材料扦插（图3-2）、半软材料扦插（图3-3）和硬材料扦插（图3-4）。

取顶梢5~8厘米

插入一半深，插完后喷一次透水

图3-2　软材料扦插

枝条剪成5~8厘米长

下部1/3~1/2插入基质并带三个叶

图3-3　半软材料扦插

上面离叶痕1厘米处平剪，下面离叶痕0.5厘米处斜剪

下部1/3插入基质中按紧

图3-4　硬材料扦插

第二节　栽培管理

宿根花卉根系对环境要求不严，生命力强，适应环境的范围广，能力强，管理粗放。但也应注意以下的技术要点。

① 要保证土壤深厚，有机肥料充足，保证营养和良好的土壤结构。

② 根据用途和栽培地的环境条件，选择适宜的花卉种类和品种。

③ 为保证花色艳丽且开花时间长，花前花卉追施肥料。

④ 冬前灌防冻水，同时施入充分腐熟的堆肥或厩肥，进行防寒越冬。

⑤ 及时清除残枝、落叶和病叶，减少病虫害的侵染源。

第三节　实　　例

一、荷包牡丹

1. 形态特征及习性

荷包牡丹别名兔儿牡丹、荷包花、铃儿草，为罂粟科、荷包牡丹属多年生宿根草本花卉。原产于我国北部，日本及俄罗斯的西伯利亚也有分布。

荷包牡丹具地下肉质根状茎，株高30～60厘米。叶对生，三回羽状复叶，具白粉，有长柄，全裂。叶形、叶色略似牡丹，因而得名"荷包牡丹"。总状花序顶生，呈拱形伸展，花朵着生于一侧并下垂，花鲜红色，花瓣4枚，外侧2枚基部膨大呈囊状，形似荷包。内侧2瓣狭长，近白色。花期4～6月。蒴果细长圆形，6月成熟时二裂。种子黑色，球形，具冠状物（图3-5）。

荷包牡丹性耐寒而不耐夏季高温，喜冷凉，在高温干旱的条件下生长不良，花后至7月间茎叶枯黄进入休眠状态。喜湿润和富含腐殖质的土壤，在沙土及黏土中生长不良。生长期间喜侧方遮阴，忌阳光直射，耐半阴，花后期宜有适当遮阳。在阳光直射或干旱条件下，会开花不良、过早枯萎休眠。

图3-5　荷包牡丹形态

2. 用途

荷包牡丹叶丛美丽、花朵玲珑、形似荷包、色彩绚丽，是盆栽和切花的好材料，荷包牡丹耐阴力强，可成片配植在林下或林缘，也适宜于布置花坛、花境，庭院丛植和在树丛、草地边缘湿润处丛植，是不可多得的观花花卉。

3. 繁殖

（1）播种繁殖　荷包牡丹可秋季播种，将当年种子湿沙层积处理，翌年春季进行播种。荷包牡丹种子细小，播后覆土以不见种子为度，或混沙播种不覆土。播后要保持表土湿润，出现干燥后及时喷水。三年生的播种苗可开花。

（2）扦插繁殖　采用扦插方法可获得更多的新株，扦插宜在5～9月进行。选取当年生长的健壮嫩枝，剪成10厘米左右，将伤口在草木灰中蘸一下，插在素沙土中，深度为5～6厘米。插后用喷壶洒1次透水，放在阴凉湿润的地方，节制浇水，保持适当湿度，20多天后即可生根。

（3）分株繁殖　分株繁殖以春季新芽开始萌动时进行最好，也可秋季9、10月间进行。分株时先带土球挖出老植株，去除老残根，根据芽子的多少切割成几块，每块带3～5个芽，分别栽植，注意栽植穴内施入一些基肥，茎段的栽植深度应与原来相同，3年左右分株1次。

4. 栽培管理

（1）施肥　荷包牡丹栽培比较简单。栽植前要深翻床土，并施入腐熟的有机肥，生长期追施1～2次加5倍水稀释的人畜粪尿液或加20倍水稀释的腐熟饼肥上清液，均可使花叶繁茂。花蕾显色后停止施肥，休眠期不施肥。

（2）浇水　春、秋季和夏初生长期的晴天，每日或隔日浇1次水，阴天3～5天浇1次水。经常保持土壤半干，对其生长有利，过湿易烂根，过干生长不良、叶黄。盛夏和冬季休眠期，盆土要相对干一些，微润即可。霜降前浇1次透水，有利于防寒。冬季浇封冻水后，覆盖稻草或树叶保温。

（3）花期调控　荷包牡丹可进行促成栽培，秋季落叶后，将植株挖出，栽植于盆中，放在空气比较湿润、温度在12～15℃的环境条件下，约2个月可开花，花后再放置于冷室内，早春重新栽于露地。

（4）修剪整形　夏季高温，茎叶枯黄进入休眠期，可将枯枝剪去。为改善荷包牡丹的通风透光条件，使养分集中，秋、冬季落叶后，也要进行整形修剪。生长期剪去过密的枝条，如并生枝、交叉枝、内向枝及病虫害枝等，使植株保持美丽的造型。

（5）病虫害防治　蚧壳虫，用40%氧化乐果乳油1000倍液喷杀；有时发生叶斑病，可用65%代森锌可湿性粉剂600倍液喷洒防治。

二、四季报春花

1. 形态特征及习性

四季报春花别名四季樱草、仙荷莲、球头樱草等，为报春花科、报春花属多年生宿根草本花卉。原产我国湖北、湖南、江西等地及我国西部和西南部云贵高原及西藏高原地带。

四季报春花株高20～30厘米，叶有长柄，基生，叶片长圆心脏形，边缘有不规则粗齿，两面及叶柄密生白色含毒质腺毛，花葶自叶丛基部抽出，顶生聚伞形花序，小花多数，1～2层，花冠5～7浅裂，基部筒状，有玫瑰红、白、紫、粉红等色（图3-6）。

图3-6　四季报春花形态

四季报春花喜排水良好、多腐殖质、疏松的沙质土壤，较耐湿。在纬度低、海拔高、气候凉爽、湿润的环境中生长良好。幼苗不耐高温，忌暴晒，喜通风环境，在酸性土壤中生长不良，叶片变黄。生长适温20℃左右，条件适宜，可四季开花。

2. 用途

四季报春花品种丰富、花色艳丽、香气诱人，是冬、春季节家庭、宾馆、商场等场所绿化装饰的优良盆花材料，亦可布置花坛或作切花。花从12月开至翌年5月，观赏价值极高（图3-7）。

图3-7　四季报春花用途

3. 繁殖

四季报春花一般采用播种繁殖，重瓣品种也可扦插繁殖。

四季报春花播种繁殖的繁殖率很高，春、秋季均可播种。因种子寿命较短，采种后立即播种，一般存放不超过半年。播种于装有培养土（泥炭：蛭石为1∶1）的盆中，盆土用细筛过筛。播种期6～9月，一般6月下旬播种，植株生长健壮，但因夏季气温高，必须注意遮阴，8～9月播种，虽管理方便，但植株矮小。种子极细小，故播种不宜过密，播后不用覆土，将盆浸入水中，使盆土浸透，盖上玻璃及报纸，减少水分蒸发，同时在玻璃一端用木条垫起约1厘米的缝隙，以利空气流通，放于阴暗处，在15～20℃条件下，10天左右可以出苗。

4. 栽培管理

（1）施肥　每10天追施稀薄的氮、磷液肥1次，忌肥沾污叶片，以免伤叶。待花茎露头时增施1次以磷肥为主的液肥，以促进开花、提高品质。

（2）浇水　在生长期，盆土要保持湿润，不能过干过湿，同时每隔10天追施1次以氮肥为主的液肥，孕蕾期需追施以磷肥为主的液肥2～3次。盛花期要减少施肥，花谢后要停止施肥。施肥前应停止浇水，让盆土偏干些，以利肥料吸收。施肥时注意肥水勿沾污叶片，可在施肥后喷水1次。结实期间，注意室内通风，保持干燥，如湿度太大，则结实不良。5、6月种子成熟，因果实成熟期不一致，宜随熟随采收。

（3）光照　出苗后去掉玻璃和覆盖物，放到有充足光照、凉爽、通风处，种子开始发芽。小苗出齐时，逐步移至光照充足、凉爽、通风处，以防幼苗徒长。幼苗期忌强烈日晒和高温，宜遮帘避中午直射日光，如欲使冬天开花，可夜间补充光照3小时。

（4）温度　四季报春花喜温暖，稍耐寒。适宜生长温度为15℃左右。冬季室温如保持10℃，翌年2月起就能开花。移苗后，逐渐缩短遮阴时间，白天温度保持在18℃左右，夜间保持在15℃左右。要注意通风，能在0℃以上越冬。夏季温度不能超过30℃，怕强光直射，故要采取遮阴降温措施。

（5）病虫害防治　四季报春花幼苗易患猝倒病，发现病株要立即清除，并对土壤消毒。四季报春花叶部常发生白粉病，可喷洒50%多菌灵可湿性粉剂800倍液，每7天喷1次。蚧壳虫危害，可人工捕捉或喷洒40%氧化乐果乳油1000倍液防治。

三、菊花

1. 形态特征及习性

菊花别名秋菊、节花、黄花、金蕊等。株高60～150厘米，茎半木质化，青绿色至紫褐色，被柔毛。单叶互生，羽状浅裂至深裂，卵形至披针形，边缘有粗大的锯齿。头状花序单生或数个聚生茎顶，有香气；边缘舌状花数轮，形色大小多变；中心为管状花。花期一般为9～12月，也有夏季、冬季及四季开花等不同生态型（图3-8）。

菊花分布地域广，适应性强，有一定的耐寒性，尤以小菊类耐寒性更强。小菊类在5℃以上即可萌动，10℃以上新芽伸长。喜阳光充足、气候凉爽、地势高燥、通风良好的环境条件；喜深厚肥沃、排水良好的沙质壤土；忌积涝及连作，否则易发生病虫害并出现土壤养分缺乏症。老株上会着生新枝，但因生长和开花较差，故以每年分株、扦插重新繁殖新株为佳。

秋菊为典型的短日照花卉，春、夏两季只能进行营养生长，而不能形成花蕾。进入秋季，当日照减至13.5小时，最低气温降至15℃左右时，即开始花芽分化，当日照继续缩短到12.5小时，气温降到10℃左右时，花蕾逐渐伸展，之后陆续开花，除秋菊外，一般品种达到一定的株高和叶片数后就能现蕾开花。

图3-8　菊花形态

2. 用途

菊花有其独特的观赏价值，人们欣赏它那千姿百态的花朵、姹紫嫣红的色彩和清秀高雅的香气，使其成为塑造园林景观、装饰生活环境的佼佼者。菊花品种繁多、花型及花色丰富多彩、花期长、花量大，是布置花坛、花境及岩石园等的极好材料，盆栽观赏也深受我国人民喜爱，菊花的应用相当广泛，大到广场、街道、公共绿地，小到厅、廊、居室，均可见到她的芳踪。

3. 繁殖

菊花可用分株、扦插和组织培养等方法繁殖。

（1）**分株繁殖** 选择无病虫害而健壮的母株，将整株挖下来或在母株周围挖小株，尽量多带根系，把根系上带的土抖落下来一些，然后从母株根系上切取带一定量根系的母茎，分开后，把它栽于苗床或花盆中培养。

（2）**扦插繁殖** 此法为菊花的主要繁殖方式，菊花的扦插一年四季均可利用正常生长的枝条进行。取无病虫害且健壮的枝条，切取长8～10厘米的健壮顶梢作插穗，插穗有3～4个节，去掉基部1/3的叶片，如上部叶片过密，也应摘去1/3～1/2，以减少水分蒸发，再将插穗基部的切口修成马蹄形，即可进行扦插。菊花扦插对基质要求不严。扦插时，先用竹签开洞，以减少土壤对插条切口的摩擦，然后将插条插入土中，插入深度约为插条全长的1/3。插后将土按实，使土壤与插条密切接合，然后浇足水。浇完水后应立即搭遮阳设施。菊花最适宜的发根温度在15～20℃之间，温度过低，生根所需时间延长；温度过高，易造成插穗腐烂。

4. 栽培管理

因菊花栽培方式不同，栽培管理方法各异，分别介绍如下。

（1）**立菊** 别名多头菊、盆菊，是常见的盆栽菊花（图3-9）。立菊通常选大花系或中花系品种留花3～5朵，多者7～9朵。当扦插苗上盆后高15～20厘米时，留下部3～4枚叶进行第1次摘心。如需多留花头时，可再次摘心，即当侧枝生出4～5片叶时，留2～3枚叶摘心；最后一次摘心一般在立秋前1周左右，称定头。定头太早，枝条细长；定头过迟，花期迟而花序小。每次摘心后，往往发生多数侧芽，除预留的侧芽外，均应及时抹去，以集中营养供植株生长。待花蕾出现，每枝顶端保留正蕾，去除侧蕾，使养分集中于主花蕾。生长期应经常施以追肥，可用豆饼水、马掌水或化肥等。苗小时7～10天1次；立秋后5～6天1次，浓度可稍大些；现蕾后4～5天1次；在夏季高温及花芽开始分化时宜停止施肥。菊花需浇水充足，才能生长良好，尤以花蕾出现后需水更多。浇水、施肥时应注意忌污水、污物溅入叶面，如溅入，应立即用清水洗净。但夏季忌涝，应注意排水，此期雨水多、气温高，是菊花最难培养的季节。另外，夏季宜遮阴降低温度，避免日灼。为使菊花生长均匀、枝条直立，常设立支柱，即植株常用细竹或苇秆，将菊枝用细绳等绑在支柱上，每枝设支柱一根。为了抑制过高生长，可喷洒0.5%的矮壮素或B₉溶液。10月下旬转动花盆以使受光均匀。花后剪去茎部，冬季将盆放置在不受霜冻之处或冷床中越冬，注意不要过分干燥。

图3-9　立菊形态

（2）大立菊　即一株着花可达数百朵乃至数千朵的巨株菊花（图3-10）。培养一株大立菊要有1年的时间，宜选用生长强健、分枝性强，而且根系发达、枝条软硬适度、易于整形的大菊或中菊品种。

图3-10　大立菊

通常于11月，从选用的菊花老株基部，取新萌发的嫩枝芽，在室内扦插。翌年三四月移植于露地苗床，株距130～150厘米，多施基肥。待菊苗生长出6～7片叶时，留4～5片叶摘心，一般摘心4～5次，多的可达7～8次。每次摘心后要培养出3～5个分枝，这样就可以形成数百个至上千个花头，最后一次摘心不应迟于8月上旬。为了便于造型，植株外围的花枝要少摘心1次，养成长枝以使枝条开展。现蕾后，须多次剥去侧蕾，并设立正式竹架。竹架用细竹及竹片扎成，架为半球形或圆盘形，由相距10厘米的竹圈组成，圈数由枝条数目而定，一般为4～8圈。以一定距离将花蕾引于架上，一般使花蕾高出竹圈5～8厘米。

培养大立菊除用扦插苗外，还常用嫁接法。通常用青蒿或黄蒿作砧木嫁接，即夏秋时，将野生较粗壮的青蒿或黄蒿掘取出来放在温室内培养，当青蒿或黄蒿枝干直径达3毫米时开始嫁接。采用枝接法，接后用环剥柳条皮圈套伤口，或用柔软的塑料薄膜缚扎，但不可过紧。一个砧木上可接多个接穗。繁殖成活后，翌年春天将扦插或嫁接活苗栽于露地，株行距130厘米左右。栽植穴要大，要多施基肥。及时摘心，嫁接苗接穗长出2～3片新叶时开始摘心，直到8月下旬停止。一般摘心5次左右，特大的要摘7～8次，每次摘心都有侧枝长出。青蒿或黄蒿植株强健、茎粗壮、根系发达，用砧木嫁接菊花可以培养出特大型大立菊，或培养出数层的高大塔菊。

（3）独本菊　一株只开一朵花，别名标本菊或品种菊（图3-11）。秋末冬初，选健壮的母株，用自地下萌发的"脚芽"进行扦插，多置于低温温室内，温度维持在0～10℃之间。春天待菊苗高约20厘米，在4月初移至室外，分苗上盆。5月底进行摘心，每次摘心保留新枝3枚叶，侧芽膨大时，除保留顶端1芽分枝外，其余抹去，7月中旬停止摘心。剥蕾一般分3次进行，第一次留3个蕾，第二次留2个蕾，第三次留1个蕾。在9月上中旬日照渐短，花芽逐渐分化，应施追肥，当花蕾透色时应停止追肥。

（4）悬崖菊　将菊花经人工整形形成的有独特风格的盆栽，形似悬崖，故称悬崖菊（图3-12）。通常选分枝多、节长、枝条细软、开花繁密的小菊品种。于11月下旬，将母株根部脚芽取下，最好带根栽入盆内。同一品种，两株并栽。盆土用肥沃的培养土，管理与大立菊相同。4月清明前后，连盆移于适地培养。为让菊蔓倾斜生长应搭倾斜的竹竿，牵引时，选强壮者绑于倾斜的竹竿上，使其沿竿生长。另一株则剪去上半部分，促发侧枝，以弥补另一株盆脚之缺陷。竹竿要注意向西倾斜，使菊苗易顺竿生长，否则易出现"抬头"现象。

图3-11 独本菊

图3-12 悬崖菊

培养悬崖菊，整枝摘心是重要环节。植株高20厘米左右时去头，留一顶芽或3个芽作主枝，以后既不摘主梢之心，也不抹侧芽，而只摘侧枝之心，促其分枝，任其主梢延伸。侧枝第一次摘心在5月中、下旬进行，保留4片叶。以后对产生的小侧枝摘心，仅留2片叶，每月摘心1次，至立秋后10天为止。由于植株先端的生长势强而花蕾亦较基部先形成，所以最后一次摘心，可分2～3回进行。基部比先端早10天摘心，比中部早5天进行，由此可使花期整齐一致。

四、一枝黄花

1. 形态特征及习性

一枝黄花为菊科、一枝黄花属多年生宿根草本花卉。原产于我国南方，我国各地均有栽培。茎直立，光滑，不分枝或上部具分枝。叶卵形或长圆状披针形。头状花序排成总状或总状圆锥形。花小，黄色，花期6～7月（图3-13）。

图3-13 一枝黄花形态

一枝黄花喜光照充足、背风凉爽、高燥的环境，生性较强健，耐寒，耐旱，对土壤选择性不强，但以疏松肥沃的壤土为好。

2. 用途

一枝黄花花型优美，可丛植或作花境栽植，也适宜作疏林地被。近年来，一枝黄花作为切花市场看好，可在保护地栽培，商品价值较高，因而切花栽培逐渐增多（图3-14）。

图3-14 一枝黄花用途

3. 繁殖

以分株繁殖为主，也可采用播种繁殖，宜春、秋进行。成株宜2～3年分株1次。分株繁殖宜于3～4月将母株的根掘起，分成4～6份，即可分栽。播种于4月上旬采用盆播或箱播方法，在室温15～18℃的条件下播种，保持盆土湿润，覆土稍厚，经10～15天出土。

4. 栽培管理

（1）定植 出苗后，幼苗生长缓慢，及时逐次地撤除覆盖物，40天左右幼苗长出2～3对真叶时，进行移栽，1个月后定植。定植株行距为（40～50）厘米×（40～50）厘米。

（2）施肥 定植时施足基肥，可施腐熟的堆肥，也可施饼肥，加水4成使之发酵，而后干燥，施用时埋入盆的四周，经浇水使其慢慢分解、不断供应养分。开花期追施1%的尿素1～2次。当年开花结实较少，2年后苗生长逐年旺盛。花期7～8月。一枝黄花为宿根花卉，每年春季出芽前后植株周围施有机肥1次，若作切花生产则在花期前后适当追肥。

（3）光照温度　一枝黄花虽有一定耐寒力，但在北方寒冷的气候条件下，冬季仍有冻死的可能性。因而露地栽培应选择小气候条件较好、向阳、背风的高燥环境，以保证安全越冬。

（4）病虫害防治　锈病、疮痂病，可用50%萎锈灵可湿性粉剂2000倍液喷洒。卷叶蛾危害，用10%除虫菊精乳油3000倍液喷杀。

五、萱草

1. 形态特征及习性

萱草别名黄花菜、金针菜、忘忧草等，是百合科、萱草属多年生宿根草本花卉。原产于我国秦岭以南的亚热带地区。萱草的根状茎粗短、近肉质；株高约1米；叶基生，片状披针形，长30～45厘米，宽2～2.5厘米；花葶高出叶丛，着花2～4朵，黄色，有芳香，花冠漏斗状，花瓣2轮，每轮3片，盛开时花瓣反卷，花长8～10厘米，萱草花梗极短，花朵紧密，有大型三角形苞片；花期5～8月；蒴果（图3-15）。

图3-15　萱草形态

萱草生性强健、耐寒，北方地区可露地越冬，对环境适应性强，喜阳光充足，但也耐半阴，对土壤选择性不强，但以富含腐殖质、深厚肥沃、排水良好的壤土生长最好。

2. 用途

萱草花色艳丽，春季萌发早，栽培简便，园林中多丛植或于花境、路旁、坡地栽植或作切花用（图3-16）。

图3-16　萱草用途

3. 繁殖

（1）播种繁殖　播种繁殖春秋均可，以秋播最为适宜。秋播时，采集种子于9、10月露地播种，翌年春发芽。春播时，将头年秋季沙藏的种子取出播种，播后发芽迅速而整齐。实生繁殖苗2年后开花。

（2）分株繁殖　分株繁殖在春季或秋季进行，每3～5年分株1次，分株时每丛带2～3个芽，按株行距3厘米×40厘米重新栽植。若春季分株，当年夏季就可开花。

4. 栽培管理

（1）肥水　栽植前深翻、施基肥（有机肥），生长期追施加5倍水的稀薄人畜粪尿液2～3次或加20倍水的饼肥上清液1～2次，适当灌溉，并注意排水。生育期（生长开始至开花前）如遇干旱，应适当灌水，雨涝则注意排水。花后要剪去花梗，以减少养分消耗。冬季，其地上部分枯萎，应及时清理。

（2）病虫害防治　萱草常见的病害有叶斑病、叶枯病、锈病、炭疽病和茎枯病等，可用75%的百菌清800倍液喷雾防治。蚜虫用艾美乐3000倍液喷雾防治或乐果乳油稀释溶液喷治。

六、飞燕草

1. 形态特征及习性

飞燕草别名千鸟草、萝卜花，为毛茛科、飞燕草属多年生草本宿根花卉。原产我国及俄罗斯的西伯利亚和南欧等地，现我国河北、山西、内蒙古自治区及东北地区均有野生分布，常生于山坡及草地。

飞燕草茎高0.6～1米，高茎者可达1.2米，主根粗壮，梭形或略呈圆锥形。茎直立，上部疏生分枝，茎叶疏被柔毛。叶互生，数回掌状深裂至全裂，裂片为线形。茎生叶无柄，基生叶具长柄。总状花序顶生，花径约2.5厘米，萼片花瓣状，花瓣2轮，合生，着花3～15朵。花色有蓝、粉白、紫、红等。花期5～7月。有重瓣园艺品种，还有高株型，产于我国新疆维吾尔自治区、内蒙古自治区等地，植株高大，可达1.8米（图3-17）。

图3-17　飞燕草形态

飞燕草较耐寒，喜高燥，耐旱，也耐半阴，忌积涝，忌炎热，喜深厚肥沃、排水良好、稍含腐殖质的沙质壤土，需日照充足、通风良好的凉爽环境。生长适温15～25℃。

2. 用途

飞燕草花形似飞鸟，花序硕大成串，花色鲜艳，矮生种适用于盆栽或花坛布置，高秆大花品种还是切花的好材料。

3. 繁殖

（1）播种繁殖 播种宜在3、4月或秋季8月中下旬进行。宜直播，不耐移植。发芽适温15℃左右，2周左右萌发。温度过高反而对发芽不利。种子发芽喜黑暗、具嫌光性，因此播种后必须严密覆盖细土，厚度约0.5厘米，保持湿度。播种前在土中预埋少量腐熟的堆肥作基肥。发芽缓慢，播后约3周方能发芽整齐，从播种到移苗约需45天。

（2）分株繁殖 在春季发芽前或秋季9月将飞燕草多年生植株挖出，顺根系的自然连接较弱处将其分成数丛，重新栽植。值得注意的是，飞燕草根系较深且粗壮，在起挖时应深挖，以防断根。此外，飞燕草萌蘖力不强，不耐移栽。分株繁殖不宜过于频繁，一般成株2年分株1次。

（3）扦插繁殖 扦插繁殖可采用花后茎基部新出的芽作插穗，或在春季剪取新枝干扦插，扦插方法同一般扦插繁殖。

4. 栽培管理

（1）施肥 成株应在每年秋季及春季增施基肥，以有机肥为主，以保持植株旺盛生长。高大植株生长后期易倒伏或折断，可设支架保护。花前增施2～3次磷、钾肥，并适当浇水。

（2）浇水 浇水要做到见干见湿，在花期内要适当多浇一点水，避免土壤过分干燥。经一次移植后，在5月中旬播种苗定植露地，当年苗可开花，但开花较少。

（3）光照 10月中旬定植后保温栽培，12月～翌年2月进行加温补光，可使花期提早至3～5月开放。

（4）病虫害防治 飞燕草常见病害有黑斑病、根颈腐烂病和菊花叶枯线虫病，危害叶片、花芽和茎，可用50%托布津可湿性粉剂500倍液喷洒防治。虫害有蚜虫和夜蛾危害，用10%除虫菊精乳油2000倍液喷杀。

七、芍药

1. 形态特征及习性

芍药别名将离、没骨花、婪尾春、余容、犁食、白术等，为毛茛科、芍药属多年生宿根草本植物。具肉质根，茎丛生、高40～108厘米。初生茎叶红色，茎基部二回三出复叶，上部渐变为单叶。根宿存土壤。花大且美，有芳香，花生枝顶或生于叶腋，芍药花瓣有白、粉、红、紫和红色等，花期5～6月。蓇葖果，种子球形、黑褐色（图3-18）。

图3-18　芍药形态

芍药性耐寒，健壮，适应性强，在我国北方都可以露地越冬。喜阳光，亦耐疏荫，忌夏季酷热。土质以深厚的壤土最适宜，以湿润土壤生长最好，但排水必须良好。积水，尤其是冬季积水很容易使芍药肉质根腐烂，所以低洼地、盐碱地均不宜栽培。芍药性喜肥，圃地要深翻并施入充分的腐熟厩肥。

2. 用途

芍药为我国传统名花之一，具悠久的栽培历史。由于芍药适应性强、管理粗放，各地园林中常布置为专类花坛或配植成花境，也可盆栽布置厅室，又适于作切花（图3-19）。

图3-19　芍药用途

3. 繁殖

以分株繁殖为主，也可以播种和根插繁殖。

（1）分株繁殖　芍药分株应在秋季9月至10月上旬进行，此时分株，可使根系在入冬前有一段恢复生长的时间，产生新根而有利于翌年生长。不能在春季分株，我国谚语有"春分分芍药，到老不开花"的说法。分株时将全株掘起，震落附土，阴干1～2天，待根系稍软时分株，以免根脆折断，根据新芽分布状况，切分成数份，每份需带新芽3～5个及粗根数条，根长自芽往下再留15～20厘米，过短则影响明年开花，切口涂以硫磺粉。

（2）播种繁殖　此法多在育种或培养根砧时应用。种子成熟后应及时播种，也可短期沙藏保持湿润。播种后当年秋季生根，翌年春暖后新芽出土。芍药幼苗生长缓慢，第一年只长1～2片叶，第二年生长渐快，生长良好者4～5年可开花。

（3）扦插繁殖　在秋季分株的同时，可将断根切成6～10厘米的小段作为插条，插在开沟深10～15厘米的、已深翻平整好的苗床内，插后覆土8厘米左右，然后浇透水。

4. 栽培管理

芍药根系较深，栽培时应深翻土地，施足基肥，筑畦后栽植，栽植不可过浅或过深，以芽上覆土3～4厘米为好，栽植时注意根系舒展，覆土时应适当压实。幼苗出土后要及时施肥，每月可追施1次。芍药喜湿润土壤，又稍耐干旱，花前保持湿润可使开花大而美，开花期如果干燥，花朵容易凋萎。芍药除顶端着生花蕾外，其叶腋处常有几个侧蕾，通常在现蕾时及时疏掉，以节省养分主供顶蕾开花，使花朵大而鲜艳。花后及时剪掉残枝。对那些开花时易倒伏的品种应设立支柱。

八、鸢尾

1. 形态特征及习性

鸢尾别名蓝蝴蝶、铁扁担，为鸢尾科、鸢尾属多年生宿根草本。根茎粗短，淡黄色。叶剑形或线形，多基生，基部重叠互抱成二列，革质全缘，叶脉平行，表面光滑。花梗从叶丛中抽出，单一或二分枝，高与叶等长，每梗着花1～4朵，花被6片，分内外两轮，外轮3片较大，外折，内轮3片较小，直立或呈拱形。长圆形蒴果，具6棱，种子棕褐色（图3-20）。

图3-20　鸢尾形态

鸢尾要求阳光充足，但也耐阴。耐寒性强，但地上茎叶多在冬季枯死，也有常绿种类。春季萌芽生长较早，春季或夏季开花，花芽分化多在秋季9～10月之间完成。

2. 用途

鸢尾叶片如剑，花朵似蝶，可在林缘或疏林下作地被，也适用于盆栽、花坛、花境观赏，亦可促成栽培以供切花之用（图3-21）。

图3-21 鸢尾用途

3. 繁殖

鸢尾繁殖多采用分株法，以分栽根茎为主，每2～3年进行1次，于秋末或春初将根基部挖出，切成根段，每段需带2～3个芽，切口稍干后栽植。

4. 栽培管理

地栽要施足基肥，分根后及时栽植，注意将根茎平放在土内，原向下的一面仍需向下，深度一般不超过5厘米，覆土浇水。注意常保持土壤湿润。

鸢尾可进行促成栽培，在花芽分化后，于10月底栽植于苗床中，夜间最低温度保持在10℃，并给予补光，加强肥水，翌年1～2月即可开花。同时鸢尾也可进行抑制栽培，于3月上旬掘起，在0～3℃下低温储藏，花期前60～80天停止冷藏，进行栽植即可开花。

九、非洲菊

1. 形态特征及习性

非洲菊别名扶郎花，为菊科、大丁草属多年生宿根草本植物。株高可达60厘米。叶基生，斜向上生长，多数，具长柄，叶长15～20厘米，羽状浅裂或深裂，叶背面有白绒毛。头状花序单生，花梗长，多高出叶丛1倍以上。筒状花较小、乳黄色，舌状花大、呈倒披针形或带状，多为两轮，花色有红、黄、粉、白、紫等色。头状花序直径可达9厘米。四季均可开花，以5～6月和9～10月为盛花期（图3-22）。

图3-22　非洲菊形态

非洲菊性喜冬季温暖而夏季凉爽，空气流通，阳光充足的环境。生长适温为15～25℃，低于10℃停止生长，冬季在7℃以上可安全越冬。要求生长在肥沃疏松、排水良好、富含腐殖质的微酸性土壤，忌重黏土。

2. 用途

非洲菊为现代切花中的重要材料，矮生种可盆栽，也可于花坛、花境或树丛、草地边缘丛植（图3-23）。

图3-23　非洲菊用途

3. 繁殖

非洲菊可用分株繁殖、种子繁殖、组培快繁等方式进行繁殖。大面积种植时可采用组培育苗进行种苗快繁，这样种苗繁殖快、多，且种苗质量好、整齐一致。小面积种植可采用分株繁殖。

（1）分株繁殖　每年春、秋两季当老株盛花期过后，先将待分老株分切成几株，等伤口愈合后，再将各个分株掘起，每个新株带4～5片叶，剪去下部多余的叶片，去掉黑褐色老根和过长根，另行栽植即可。

（2）播种繁殖　非洲菊有些品种也可用种子繁殖。非洲菊需在花期通过人工授粉获得种子，由于其种子寿命很短，因此要成熟后立即播种。播种后温度控制在21～24℃，半个月左右可发芽，生出2～3片叶后可移植。一般当年可开花。

4. 栽培管理

（1）栽植床准备　栽植床至少需要有30厘米深的深厚土层，定植前施足基肥，深耕翻整，进行严格消毒。作高畦或垄沟形式，垄宽为40厘米，畦宽为100～120厘米，床面平整疏松。

（2）定植　垄沟种植采用双行交错栽植，株距25厘米；高畦种植采用每畦定植3行，中行与边行交错定植，株距30厘米左右。注意将根颈部略露于土表1~1.5厘米，用手将根部压实，否则易引起根颈腐烂，定植后在沟内灌水。

（3）光照温度　非洲菊最适生长温度为20~25℃。如条件不便，可使夏季温度不超过28℃，冬季温度在12℃以上，这样非洲菊植株可以不休眠。冬季应有强光照，夏季适当遮阴，并加强通风，以免高温引起休眠。

（4）肥水　在生长期要充分供水，冬季应少浇水，浇水时应尽量从侧方浇水，使株心保持干燥，叶丛中不要积水。非洲菊为喜肥花卉，要求肥料量大，一般春季每5~6天追肥1次，冬夏季每10天追肥1次，要特别注意钾肥的施用。温度过高或过低出现休眠状态时，要停止施肥。

（5）整形修剪　及时清除叶丛下部枯黄的老叶，有利于新叶与花芽的萌生，而且有利于通风，以减少病虫害的发生。另外，为提高植株的通风透光性，平衡叶的生长与开花的关系，需进行剥叶，剥叶时先剥病残叶，每枝留3~4片功能叶，剥叶时应各枝均匀地剥。幼苗生长初期，应摘除早期形成的花蕾从而促进营养生长。在开花期，疏去过多花蕾。一般不能有3个花蕾同时发育，留1~2个才能保证其品质。

（6）采收保鲜　非洲菊适宜的采收时间，以最外轮花的舌状花已展开，花梗挺直，中部花心外围的管状花有2~3轮开放，并有花粉散出时为最佳，采收时间应在清晨或傍晚。采收时，将花梗轻轻拉住，抽出，整个花枝即可，如不能抽出，就用锋利的刀伸入花梗基部切取，但注意勿伤叶片。分级包装前，先将花浸入水中吸足水分及保鲜液，在2~4℃、相对湿度90%条件下保存。

十、玉簪

1. 形态特征及习性

玉簪别名玉春棒、玉簪棒，为百合科、玉簪属多年生草本花卉。

原产于我国长江流域及日本，多生于林缘草坡及岩石边。

玉簪株高30～50厘米，叶基生，丛生于地下粗壮的根茎上，叶片较大，卵形至心状卵形，翠绿而具光泽，具长柄，具有良好的观赏价值。总状花序从叶丛中抽生、高出叶丛，每个花序上着生小花9～10朵，花白色，有芳香，花径2～3.5厘米，花筒细，长5～6厘米。花期7～9月。蒴果三棱状圆柱形，成熟时三裂，种子黑色，有膜质翅（图3-24）。

图3-24　玉簪形态

玉簪喜阴湿，畏强光直射，耐寒，性强健，萌芽力极强。要求排水良好、富含腐殖质的土壤。玉簪喜欢温暖气候，但夏季高温、闷热，尤其是温度在35℃以上，且空气湿度在80%以上的环境中不利于植株生长，此时要加强空气流通，帮助其降低体内温度，还要向叶面喷雾降温。玉簪对冬季温度要求很严，温度一定要在10℃以上，在10℃以下会停止生长，在霜冻出现时不能安全越冬。

2. 用途

玉簪叶丛生，叶色翠绿，植株耐阴，在园林中可用于树下作地被，或植于岩石园或建筑物北侧，是园林中重要的耐阴花卉，可用于林荫路旁、疏林下及建筑物的背阴侧，正是"玉簪香好在，墙角几枝开"（图3-25）。

玉簪花冰姿雪魄，又有袅袅绿云般的叶丛相衬，它一会儿才谢，一会儿又开，给人一种"瑶池仙子宴流霞，醉里遗簪幻作花"的美妙享受。因花夜间开放，芳香浓郁，是夜花园中不可缺少的花卉。也可三两成丛点缀于花境中，或盆栽布置室内及廊下，亦可作切花用。

图3-25 玉簪用途

3. 繁殖

（1）播种繁殖 秋季种子成熟后采集晾干，可以在9月室内播种，20℃条件下，30天发芽，幼苗春季定植露地。也可以将当年种子干燥冷藏到翌年3～4月播种。播种苗第一年幼苗生长缓慢，要精心养护，第二年迅速生长，第三年便开始开花，种植穴内最好施足基肥。因为萌芽多，芽丛紧密，分株繁殖极容易，实际栽培中很少用播种法繁殖。

（2）分株繁殖 分株可在春季4～5月或秋季叶片枯黄后进行，将母本植株起出，去掉根际的土壤，每3～5个芽为一丛用刀将其分开，并保留足够的根进行栽植，这样利于成活，不影响翌年开花，栽时可适当在穴内施入基肥。每3～5年分株1次。切口处要涂上木炭粉，防止病菌侵入，然后再栽植，栽植后浇1次透水，以后浇水不宜过多，以免烂根。一般分株栽植后当年便可开花。

4. 栽培管理

（1）定植 玉簪露地繁育管理较粗放，分株苗栽植株行距为（30～50）厘米×（30～50）厘米，过于密集影响生长。应注意选择适宜的栽培地点，其生长期要求半阴环境，宜栽于林下、林缘，或建筑物的背阴侧。

（2）肥水 生长期每7～10天施1次稀薄液肥。春季发芽期和开花前可施氮肥及少量磷肥作追肥，促使叶绿花茂。生长期雨量少的地区要经常浇水、疏松土壤，以利生长。冬季适当控制浇水，停止施肥。

（3）光照温度 玉簪是较好的喜阴花卉，露天栽植以不受阳光直射的遮阴处为好。若栽于阳光直射处或过于干旱处，常引起叶尖枯黄。在北方寒冷地区，可在0～5℃的冷房内过冬，翌年春季再换盆、分株。露地栽培可稍加覆盖越冬。室内盆栽可放在明亮的室内观赏，不能放在有直射阳光的地方，否则叶片会出现严重的日灼病。

（4）病虫害防治 对于锈病，当嫩叶上出现圆形病斑时，可以喷洒160倍等量式波尔多液进行防治。对于叶斑病，可用75%百菌清800～1000倍液或50%代森锰锌800～1000倍液喷洒防治。对于蜗牛虫害，要求土壤湿润、通风良好，同时进行人工捕捉，也可在栽植玉簪的周围、花盆下撒石灰粉或8%的灭蜗灵或10%的聚乙醛颗粒剂。

十一、天竺葵

1. 形态特征及习性

天竺葵别名石蜡红、入腊红、洋绣球，为牻牛儿苗科、天竺葵属亚灌木状多年生草木。原产非洲南部，我国各地均有栽培。

天竺葵全株有强烈气味，密被细柔毛和腺毛。茎直立、肉质、粗壮，基部稍木质化。单叶互生，稍被柔毛，稍带肉质，圆形或肾形，基部心形，边缘有锯齿并带有一马蹄形的暗红色环纹，稍揉之有鱼腥气味，易识别，掌状脉，叶缘7～9浅裂或波状，具钝锯齿。顶生伞形花序，有总苞，花序柄长，有花数朵至数十朵，花萼绿色，花瓣5枚或更多。有红、深红、桃红、玫红、白等色，花期10月至翌年6月（图3-26）。

图3-26 天竺葵形态

天竺葵性喜阳光，喜温暖、湿润的环境，忌炎热，忌水湿，耐旱，不耐寒。适宜肥沃、排水良好、疏松、富含腐殖质的微酸性土壤，在高温、积水条件下生长不良。对二氧化硫等有害气体有一定抗性。适应性较强，能耐0℃低温。北方需在室内越冬，南方需置于荫棚下越夏。

2. 用途

天竺葵适应性强，花色丰富，花期长，是优良的观赏花卉，常用作盆栽、花坛、花境等（图3-27）。

3. 繁殖

（1）播种繁殖　单瓣品种可播种繁殖，种子采收后即可播种。可先把采下的种子晾干，储藏在纸袋中备用。种植前可施足基肥，可将发酵的饼肥、骨粉或过磷酸钙等拌入土中，注意饼肥加入量不要超过土壤总量的10%，骨粉或过磷酸钙不要超过1%，否则易造成肥害。在20℃条件下播后半个月就可发芽，经过移植翌年春天就可开花。

图3-27 天竺葵用途

（2）**扦插繁殖** 天竺葵扦插可春秋两季结合修剪进行，以秋冬扦插为好。插条选生长势强、开花勤、无病虫害的植株顶端嫩梢，去掉基部大叶，晾干使之萎蔫后扦插，注意土壤不可太湿，以免腐烂。在20℃左右时，插后1个月就可生根。

（3）**组织培养** 天竺葵也可用组织培养法繁殖。以MS培养基为基本培养基，加入0.001%吲哚乙酸和激动素促使外植体产生愈伤组织和不定芽，用0.01%吲哚乙酸促进生根。组培法为天竺葵的良种繁育和选育新品种提供了新的途径。

4. 栽培管理

（1）肥水 生长期内每隔10天追施加5倍水的人畜粪尿液1次，夏季每天喷水1～2次，春秋季每天浇水1次。每年换1次盆，一般在9月进行。在换盆前进行修剪，剪后1周内不浇水，以免剪口处腐烂。一次性施肥过多会造成天竺葵的脱水，如果施加氮肥过多会造成植株疯长，不开花，施肥过多以后勤浇水可以缓解症状。

（2）光照 充足的阳光有助于天竺葵开花，但是温度过高就不宜阳光直晒，在春秋季节多晒阳光，在夏天的时候，注意温度，温度过高应避免使天竺葵接受直射光照。

（3）温度　最适宜的生长温度为10～20℃，也就是春秋季节最适宜。夏天的时候一定要防止阳光的暴晒，把它放在阴凉的地方。在冬季的时候室内温度不要低于0℃，否则就会冻伤。

（4）修剪整形　由于它生长迅速，为使植株冠形丰满紧凑，应从小苗开始进行整形修剪。一般苗高10厘米时摘心，促发新枝。待新枝长出后还要摘心1～2次，第一次在3月，主要是疏枝；第二次在5月，剪除已谢花朵及过密枝条；立秋后进行第三次修剪，直到形成满意的株形。花开于枝顶端，每次开花后都要及时摘花修剪，促发新枝，使开花不绝。

（5）病虫害防治　主要害虫有毛虫、小羽蛾，可用50%辛硫磷800～1000倍液或10%～20%菊酯类1000～2000倍液喷洒杀灭。

十二、天蓝绣球

1. 形态特征及习性

天蓝绣球别名锥花福禄考、草夹竹桃，为花葱科、天蓝绣球属多年生草本花卉。原产北美洲的东部。

天蓝绣球根呈半木质化，多须根。株高0.6～1.2米，茎粗壮，直立，通常少分枝，无毛或上部散生柔毛。叶披针形，单叶呈十字状对生，有时三叶轮生，叶缘具细硬毛，上部叶基抱茎。圆锥花序，顶生，小花呈高脚碟状，花色有白、粉、红、紫及复合色。花期6～9月。蒴果小，卵形，8～10月成熟，种子卵球形，黑色或深绿色，有粗糙皱纹（图3-28）。

天蓝绣球喜阳光充足而凉爽的环境，早花品种稍耐阴。耐寒性较强，忌暑热，忌水涝，生性强健，不择土壤，宜在疏松、肥沃、排水良好的中性或碱性的沙壤土中生长。生长期要求阳光充足，但在半阴环境也能生长。夏季生长不良，应遮阴，避免强阳光直射。较耐寒，可露地越冬。

图3-28　天蓝绣球形态

2. 用途

天蓝绣球花期长，色彩丰富，花序大，是花坛、花境的良好材料。某些矮生品种可丛植或片植于草坪边缘，或者作盆栽观赏（图3-29）。

图3-29　天蓝绣球用途

3. 繁殖

（1）播种繁殖　播种繁殖时，以随采随播为宜，种子寿命2年，播后发芽一般需10天以上。发芽后，当幼苗生出2～3片真叶时移植，苗高15厘米时摘心，使根部充分生长。春季3月定植于露地。天蓝绣球成株春植、秋植都可以，北方寒冷地区应在春季移植，栽培地应选择背风、向阳、小气候较好的地块，否则在严寒季节可能死亡。

（2）**扦插繁殖** 扦插分茎插或根插。可以于4～5月进行茎插，当新茎长出5～10厘米高时，剪成3～6厘米的枝段插于湿沙中，在15～20℃的条件下，1个月后生根。也可在分株繁殖时进行根插，挖出老根后截取3厘米左右的根段，平埋于沙土中，保持湿润，1个月就能发出新芽。需要注意的是，取根段时要选择健壮的根，过老和过细弱的根不易成活。

（3）**分株繁殖** 分株一般在春季3～4月间进行。将1年的老根挖出，顺根茎的长势将其分割开，每丛带2～3个芽，栽植时施入少量基肥，栽后浇透水。

4. 栽培管理

（1）肥水 栽后3～5年分株移植1次，以防衰老。栽植株行距为（40～50）厘米×（40～50）厘米，生长期追肥1～3次，保持土壤湿润。

（2）光照温度 天蓝绣球不耐高温，在南方温暖地区5～7月和8～9月会出现两个最佳观赏期，在冷凉地区差别不明显。但在夏季高温多雨季节，也有时生长不旺，开花减少，而秋凉后又恢复生长。

（3）修剪整形 天蓝绣球的生长力很旺盛，如果不进行适时适当的修剪，会引起植株徒长，开花稀少，因此每年必须进行2次修剪。春剪在春季新梢萌发后，将位置适中、健壮的枝条作为保留枝并适当短截（每根枝条保留2个节），剪去其余的全部枝条。这样修剪后即可有效地控制植株的高度，又可使株形优美、花繁叶茂。秋剪在秋季花谢后进行，剪去开花枝，以减少养分的消耗，有利于第二年的生长开花。

（4）病虫害防治 夏季因高温、高湿，易发生叶斑病，可在夏初喷施50%多菌灵1000倍液进行防治。另外，栽植株行距不可过小，否则影响通风，容易发病。发生蚜虫可用毛刷蘸稀洗衣粉液刷掉，发生量大时可喷洒40%氧化乐果乳油1500倍液。

十三、花烛

1. 形态特征及习性

花烛别名安祖花、红掌、烛台花等，天南星科、花烛属附生性常绿宿根花卉。株高可达1米以上，根略肉质，节间短，近无茎。叶自根颈和地上茎节处抽出，有光泽，叶基深心形，叶脉凹陷。花梗长50～80厘米，自叶柄基部抽出，高于叶丛，肉穗状花序直立或向外侧倾斜顶生，圆柱状，先端黄色，下部白色。花序基部着生一大型花瓣状的佛焰苞，有红、粉、橙、绿、白、紫及混合色等多种颜色。苞片形状独特，色彩艳丽，瓶插时间长，且叶色鲜绿，即可观花，又可赏叶（图3-30）。

花烛性喜温暖、潮湿、阴暗的气候，生长适温18～25℃，冬季越冬温度不得低于15℃，且要加强光照。要求基质排水良好的环境。

2. 用途

花烛小型者可作温室盆花；大型者可作温室大盆栽。佛焰苞硕大，肥厚，覆有蜡层，光亮，色彩鲜艳，且叶形秀美，全年可以开花，常用作切花（图3-31）。

图3-30　花烛形态

图3-31　花烛用途

3. 繁殖

花烛可用种子、分株、扦插和组培法繁殖。

（1）播种繁殖 培育优良植株主要通过有性杂交进行繁殖。种子应随采随播，在28℃左右半月可发芽。但由于是异花授粉，杂交后代性状分离，变异很大。因此，生产中常采用分株和组织培养等无性繁殖方法，来保持母株的优良性状。

（2）分株繁殖 仅适用于较大的能在根颈处产生带气生根的子株的花烛。一般在春季进行，将有3片叶以上的子株从母株基部连茎带根分割下来，消毒后植于无土栽培基质内，精细管理1个月左右即可种植，经1年的培养可形成花枝。1株成龄花烛每年只能形成1～2个子株，即分株繁殖效率极低。

（3）扦插繁殖 即将较老的枝条剪下，去除叶片，每1～2节短枝为插条，直立或平卧插于底温为25～35℃的插床中，几周后生出新芽和根，成为独立的植株，即可分栽。

（4）组织培养 是生产花烛种苗的主要方法，采用愈伤组织或叶片切块，置于培养基中进行培育，整个过程在实验室无菌条件下进行。

花烛分株幼苗和组培瓶苗经5～7天炼苗后即可移栽。采用无土栽培法，移栽时不得损伤幼苗，并保持基质疏松。苗期切勿浇水过多，否则根系会缺氧、生长不良，严重时会引起烂苗（猝倒病）。出瓶苗移栽前必须洗净基质，并用0.02%高锰酸钾进行消毒。移栽初期要求弱光条件（800～1000勒克斯），10天后逐步增加光照强度，可施肥，以叶面喷施为主，每周喷施1～2次0.1%三元素复合肥，遵循薄肥勤施的原则，由于花烛比其他观叶花卉对镁的需要量大，所以应注意镁肥的追施。小苗在育苗棚内生长半年左右，高6～8厘米即可出圃。

4. 栽培管理

（1）定植准备 定植土壤要求有良好的通气性，腐殖质含量高，保湿能力强，透水性与排水性良好的微酸性土壤。土层40厘米以下要设排水层，基质采用蛭石、腐叶土、珍珠岩、木屑和泥炭等，幼苗定植密度为4株/米^2。

（2）光照 光照调节，花烛为中日照喜阴花卉，适宜光照强度为15000～20000勒克斯，生产中一般春、夏季采用双层黑色遮阳网遮光，夏季应遮光50%，春季遮光30%，冬季不必遮光。

（3）温度 花烛栽培基质的湿度应保持湿润而不过湿，室内空气湿度以60%～70%、温度以25～28℃为宜。最低不得低于13℃，低于13℃易发生寒害，短时间低于9℃会出现冻害，叶面显现白斑，幼蕾枯萎。因此，冬季和早春应特别注意防低温危害。在北方高温季节应经常向步道和空间喷水降温，同时注意通风换气，以免造成花、叶片畸形。

（4）浇水 花烛根系灌水以滴灌为好，否则5～6天漫灌1次，经常保持基质湿润。冬季注意干、湿交替，忌积水。对水质要求比较严格，栽培时灌溉及配肥用水最好使用雨水。

（5）施肥 基质渗透性高，供肥方式以追肥为主。氮：磷：钾为2∶1∶3。采用豆饼20kg、过磷酸钙或猪粪或鸡粪15kg加骨粉2.5kg、硫酸亚铁2.5kg、水250kg，晒沤30天的矾肥水，稀释100倍，缓缓浇入根部，每隔15天浇1次。施肥后喷淋1遍清水，以防肥液滞留而损伤叶片。在基质和肥液酸碱度不合理的情况下，极易发生缺素症，而且植株对营养元素的选择吸收也会影响到基质的酸碱度，必须定期检测，使基质的pH保持在5.2～6.2。

十四、鹤望兰

1. 形态特征及习性

鹤望兰别名天堂鸟花、极乐鸟花，为旅人蕉科、鹤望兰属常绿宿根花卉。高1米左右，根粗壮肉质。茎极短，不明显，外有叶鞘套褶。叶对生，两侧排列，革质，长椭圆形或长椭圆状卵形，叶柄长为叶片长的2～3倍，中央有纵槽沟。花梗自叶腋中生出，与叶近等长或高出。总状花序，有花3～9朵，佛焰苞横生似船形，绿色，边缘带红色，基部稍带紫色，花形奇特，色彩夺目，宛如仙鹤翘首远望

（图3-32）。

鹤望兰喜温暖、湿润气候，不耐寒，南方可露地栽培，长江流域作大棚或日光温室栽培。生长适温20～25℃，秋冬季温度不低于5℃，白天20℃条件下可正常生长。夏季强光时宜遮阴或放荫棚下生长。冬季需充足阳光，如生长过密或阳光不足，直接影响叶片生长和花朵色彩。需土层深厚、具丰富有机质、疏松、肥沃而又排水良好的黏壤土。

2. 用途

鹤望兰为大型的室内盆栽观赏花卉，在南方可丛植于庭院或点缀于花坛，同时又是一种高级的切花，插于水中可保持20～30天之久（图3-33）。

图3-32　鹤望兰形态

图3-33　鹤望兰用途

3. 繁殖

鹤望兰常用分株繁殖和播种繁殖。

（1）播种繁殖　经人工授粉，需80～100天种子才能成熟。成熟种子应立即播种，发芽率高，发芽适温为25～30℃，播后15～20天发芽，半年后形成小苗，播种苗需5年、具9～10枚成熟叶片时才能开花。若播种温度不稳定，会造成发芽不整齐或发芽后幼苗腐烂死亡。

（2）分株繁殖　于早春翻盆时进行。将植株从盆内倒出，抖去泥土，用利刀从根茎空隙处劈开，每株需保留2～3个蘖芽，根系不少于3条，切口涂以草木灰以防腐烂，栽后放半阴处养护，当年秋冬就能开花。

4. 栽培管理

（1）栽培基质　盆栽鹤望兰，需用疏松、肥沃的培养土、腐叶土加少量粗沙，盆底多垫粗瓦片，以利排水，有利于肉质根的生长发育。栽植时不宜过深，以不见肉质根为准，否则影响新芽萌发。

（2）肥水　夏季生长期和秋冬开花期需充足水分，早春开花后适当减少浇水量。生长期每半个月施肥1次，特别在长出新叶时要及时施肥，因为新叶多才会花枝多。在形成花茎至盛花期，施用2～3次磷肥。成型的鹤望兰每2～3年换盆1次。所处位置宜通风良好，否则易滋生蚧壳虫。

（3）光照温度　鹤望兰冬季需要充足的光照，夏季则需遮阴。冬季温度要保持在15～20℃之间，不低于10℃，从开始花芽分化到开花的4个月左右，温度稳定保持在20～27℃是花枝正常发育的保证。一般在寒露节前移入温室，谷雨节后移到室外。

（4）修剪　花谢后，如不需留种，花茎应立即剪除，以减少养分消耗。冬季要清除断叶和枯叶，这样可以每年花开不断。

十五、石斛

1. 形态特征及习性

石斛别名石斛兰，为兰科、石斛属多年生附生常绿草本。原产我国南方。石斛茎细长直立，丛生，圆筒形、节肿大；叶近革质，狭长圆形，长约10厘米，顶端2圆裂，生存2年；总状花序着生茎上部节处，开花1～4朵；花大侧生，花径5～12厘米，萼片3枚，花瓣3片，左右瓣片白色，带紫色晕，中间为唇瓣，唇瓣白色，喉部深紫色，花期1～6月（图3-34）。

石斛喜在温暖、潮湿、通风、半阴半阳的环境中生长，忌阳光直射，不耐寒，以亚热带深山老林中生长为佳，对土肥要求不甚严格，适宜在透气、疏松、排水良好的基质中栽培。野生石斛多在疏松且厚的树皮或树干上生长，有的也生长于石缝中。

图3-34　石斛形态

2. 用途

石斛花姿优雅，玲珑可爱，花色鲜艳，气味芳香，是高档的盆花，又是重要的切花，被喻为"四大观赏洋花"之一。从外观上看，石斛构造独特的"斛"状花形，以及斑斓多变的色彩，都给人热烈、亮丽的感觉。石斛作为洋兰以其独有的魅力备受关注，引发了现代人对兰花新的理解和对石斛兰更深的关爱。

3. 繁殖

石斛常采用分株法繁殖，一般在春季进行，因春季湿度大、降雨量渐大，分株后栽植易成活。选择健壮、无病虫害的石斛，剪去3年以上的老茎作药用，二年生新茎作繁殖用。繁殖时剪去过长老根，留2～3厘米，将种蔸分开，每棵含2～3个茎，然后栽植。栽培可用盆栽和吊栽，盆栽用土可用粗泥炭7份、粗沙或珍珠岩3份和少量木炭屑制成，盆底应多垫粗粒排水物。吊栽可将石斛固定于木板上，再用水苔塞紧缝隙，包裹根部，悬吊栽培。

4. 栽培管理

（1）施肥　春、夏季生长期要多施肥，栽植前宜先施基肥。基肥可用饼肥，即将饼肥发酵干燥后，碾细混入土中。生长期用腐熟豆饼水稀释液，每月施1次。具体方法如下：饼肥末1.8升，水9升，过磷酸钙0.09升，腐熟后加水100～200倍施用。平时用1500～2000倍水溶性速效肥，每10～15天喷洒1次。秋季9月以后减少氮肥用量。到了假球茎成熟期或冬季休眠期，完全停止施肥。

（2）浇水　石斛栽植后期，若空气湿度过小，要经常浇水保湿，可用喷雾器以喷雾的形式浇水。

（3）修剪整形　每年春天前发新枝时，结合采收老茎将丛内的枯茎剪除，并除去病茎、弱茎以及病老根，栽种6～8年后视丛苑生长情况翻苑，重新分枝繁殖。石斛生长地的郁闭度在60%左右，因此要经常对附生树进行整枝修剪，以免过于荫蔽或郁闭度不够。

（4）病虫害防治　石斛菲盾蚧用40%乐果乳剂1000倍液喷雾杀灭或将有盾壳的老枝集中烧毁。石斛炭疽病用50%多菌灵1000倍液或50%甲基托布津1000倍液喷雾2～3次防治。石斛黑斑病用50%的多菌灵1000倍液喷雾1～2次防治。

十六、丽格海棠

1. 形态特征及习性

丽格海棠为秋海棠科、秋海棠属多年生草本花卉。株高20～30厘米，茎枝肉质，有毛，多分枝；根为须根系；叶对生，倒心形，叶色多为绿色或有紫晕；雌雄同株异花，复伞状花序，花有单瓣、复瓣和重瓣，花色丰富，有红、橙、黄、白等。常年开花，但以冬季为主（图3-35）。

丽格海棠喜温暖湿润的半阴环境，冬喜暖、夏喜凉，对温度和光照的急剧变化十分敏感，生长适温为18～22℃，冬季温度不低于13℃，夏季高温会导致生长停止的半休眠。对水分的要求高，但要避免积水。宜生长在富含有机质、排水良好的微酸性土壤。

图3-35　丽格海棠形态

2. 用途

丽格海棠花期长、花色丰富、枝叶翠绿、株型丰满，是冬季美化室内环境的优良花卉，也是四季室内观花花卉的主要种类之一。

3. 繁殖

通常采用播种、扦插及组织培养等方法进行繁殖。

（1）播种繁殖　丽格海棠种子细小，为喜光性种子，播后不必覆土，在20～25℃的条件下10～15天即可发芽。当长至2～3片真叶时定植。

（2）扦插繁殖　可采用茎插或叶插。

茎插繁殖多在春季或秋季进行，插穗一般采自顶端营养茎，剪取5厘米左右的顶茎，保留上端1～2片叶，插于清洁的基质中，在温度20～25℃，长日照，空气湿度80%左右的环境中，1个月到1.5个月即可生根。采用叶插，叶片需要11～13周形成根系，叶基部有小植株长成。

4. 栽培管理

（1）栽培基质　应选择保水保肥、富含有机质、排水良好的微酸性栽培基质。多以腐叶土、草炭土、粗砂按2∶1∶1的比例配制，并施以腐熟的有机肥作基肥。

（2）浇水　如栽培基质长时间过干或过湿，易造成根系受伤。生长季要有较高的空气湿度，但忌积水，通常每天浇1次水，浇水时要注意勿使水喷到叶与花上，避免叶霉病的发生，后期慢慢减少浇水量。

（3）温度　丽格海棠在夏季出现持续28℃以上的高温天气时，应采取降温措施，冬季要注意保暖，最低温度不得低于15℃。

（4）施肥　对于小苗用肥以氮肥为主，促进其生长发育成型，随着植株的生长，应减少氮肥用量，逐渐提高磷、钾肥的用量，开花前应加大施肥量，还可适当进行叶面喷肥，叶面肥的浓度不可过大，控制在1%～2%，喷雾要均匀，叶面的正反面都要喷到。

（5）光照　丽格海棠对光照的变化敏感，夏季要特别注意遮阳，高温和强光照下叶片会出现灼伤。

（6）修剪整形　在生长期间要进行摘心，促使植株萌发侧枝，使株型丰满，还应及时去除多余的花蕾，以免造成养分的大量消耗而影响其他花朵的发育。

十七、君子兰

1. 形态特征及习性

君子兰别名箭叶石蒜，为石蒜科、君子兰属常绿宿根花卉。基部具有叶基形成的假鳞茎；肉质根粗壮；叶剑形，二列叠生，宽带状，端圆钝，全缘，排列整齐，叶色浓绿，革质而有光泽；花葶自叶腋抽出，直立扁平，伞形花序顶生，可着生小花10～40朵；花被6片，组成漏斗状，基部合生，花色黄色、橙红色至大红色，冬春开花，尤以冬季为多，小花可开15～20天，先后轮番开放，可延续2～3个月。浆果球形，成熟时紫红色，每个果实中含种子一粒至多粒（图3-36）。

君子兰性喜温暖而湿润，半阴的环境，畏强烈的直射阳光。生长的最佳温度在15～25℃之间，5℃以下则处于相对休眠状态，0℃以下会受冻害，30℃以上叶片徒长，花葶过长，影响观赏效果。生长期间不宜强光照射，夏天应遮阴栽培。要求深厚、肥沃、疏松的土壤，生长期间保持环境湿润，土壤含水量20%～40%，空气相对湿度70%～80%，切勿积水，在冬季尤其注意低温、积水，避免造成烂根。

图3-36 君子兰形态

2. 用途

君子兰碧叶常青，端庄大方，花繁色艳，是花叶并美的观赏花卉。盆栽君子兰是布置会场、点缀宾馆、美化家庭环境的优质盆花。君子兰挺拔的花葶也是切花的好材料（图3-37）。

图3-37 君子兰用途

3. 繁殖

君子兰常采用播种法与分株法繁殖。

（1）播种繁殖　君子兰为异花授粉花卉，人工授粉可提高结实率，并且可进行有目的的品种间杂交，选育新品种。一般授粉后9个月左右果实变红成熟，剥出种子稍晾便可播种。先配制疏松、通透性好的腐殖土，盛于浅盆中，将成熟的种子用温水洗干净，点播在盆面。株距3厘米见方，盖土1～1.5厘米，上盖玻璃板，室温20～25℃条件下，保持土壤湿润，约20天生根，40天抽出子叶，待生出1片真叶后进行分苗，第二年春天上盆。

（2）分株繁殖　君子兰为保持其原种的优良品质，也可采用分株法进行繁殖。即利用根颈周围的脚芽，在春季换盆时，利用利刀将脚芽切离母株，每个脚芽上必须带1～2条幼根，但不能伤及母株叶基，用木炭粉或杀菌剂涂抹切离的伤口以防腐烂，然后分栽即可成一新的植株。种植时，种植深度以埋住子株的基部假鳞茎为度，靠苗株的部位要使其略高一些，并盖上经过消毒的沙土。种好后随即浇1次透水，待到2周后伤口愈合时，再加盖一层培养土。一般须经1～2个月生出新根，1～2年开花。

4. 栽培管理

（1）栽培基质　君子兰适宜用含腐殖质丰富、透气性好、渗水性好的森林土，这种土壤土质肥沃，具微酸性（pH6.5）。在腐殖土中渗入20%左右沙粒，有利于养根。

（2）定植　君子兰宜用瓦盆，根据苗的大小来决定盆的大小，盆口与叶展或株高相近，根系可舒展开，栽植不能过深也不能过浅，要使假鳞茎露出土面，根系埋入为佳，盆口留1.5～2厘米。

（3）浇水　君子兰具有较发达的肉质根，根内存蓄着一定的水分，所以这种花比较耐旱，不宜浇水过多。不过要保持盆土湿润而不潮湿，叶面喷水保持空气湿度，冬季要少浇水。

（4）施肥　君子兰喜肥，但不耐肥，必须做到适量施肥。要施腐熟的有机肥或肥水，干肥放在盆土中缓慢吸收，速效液肥和叶面肥有利于调节生长发育，要均匀施用，不能忽多忽少，否则会影响叶片的生长，使叶片有长有短、株形混乱，降低其观赏价值。抽箭期可施速效肥，家庭中也可用啤酒，有利于抽箭。

（5）光照 夏季应遮阳降温，使温度保持在10～25℃范围，秋天可以少见阳光，冬季必须保持5℃以上，在抽箭期，温度保持在18℃左右，否则会造成夹箭。为使叶形整齐美观，应每周转盆1次，使叶顺光生长，也可绑缚叶片，以纠正方向。定期擦洗叶片的尘土及叶鞘中泥土。

十八、耧斗菜

1. 形态特征及习性

耧斗菜别名猫爪花，为毛茛科、耧斗菜属多年生宿根草本花卉。原产欧洲及北美，在我国东北、华北及西北等地有分布。

耧斗菜根肥大，圆柱形，粗达1.5厘米，简单或有少数分枝，外皮黑褐色。株高40～80厘米，具细柔毛。叶基生或茎生，具长柄，三出复叶。花顶生，紫色，花冠漏斗状，花瓣向后延长成距。花径约3厘米，开放时向下垂，但重瓣花花瓣直立。花期5～7月。果期7～8月。果成熟时直立，上端开裂。种子扁圆形，黑色。本种有大花、重瓣、斑叶及白花等变种（图3-38）。

图3-38　耧斗菜形态

楼斗菜生性强健，耐寒，北方可露地越冬。楼斗菜喜肥沃、富含腐殖质、湿润、排水良好的壤土及沙壤土。要求空气湿度较高，宜栽于半阴条件下，不喜烈日。

2. 用途

楼斗菜花色明快、叶形别致、叶色蓝绿、花姿独特、适应性强、喜半阴，是岩石园和疏林下栽植的良好材料，也适宜成片植于草坪上、密林下、洼地、溪边等潮湿处作地被覆盖，还可用于春夏花坛或花境、切花。

3. 繁殖

（1）播种繁殖　夏末种子采收后，可在晚秋播于露地，或早春3月在室内盆播。为了调整楼斗菜的休眠期，种子采收后立即播种。施足底肥，耙细整平，做好苗床，浇足底水，把种子均匀播在苗床上面，用三合土覆盖，以不见种子为度。保持畦面湿润，湿度过大会引起烂种，140天出苗。其种子发芽率在50%左右，发芽不整齐。种子发芽适温为15～18℃，温度过高抑制发芽。

（2）分株繁殖　优良品种通常采用分株法，分株繁殖可在秋季9月进行，也可在春季4月前后分株。先将母根挖出，去掉残土，2～3个芽一丛，用手从根系连接薄弱处分开，重新栽植。3年以后植株易衰退，应及时进行分株，促其更新。

4. 栽培管理

（1）定植　楼斗菜的实生苗经1～2次移植后，于5月间定植于露地，楼斗菜主根较明显，根系分枝不多，栽植时应带土，以免伤根，株行距为（30～40）厘米×（30～40）厘米。实生苗第二年可以开花结实。

（2）肥水　植株在开花前应施1次追肥。夏季应注意避烈日，雨季注意排涝。浇足定根水，生长期间保持土壤湿润。生长旺盛期追施少量尿素，每亩用5千克尿素兑水灌浇，促进生长。

（3）光照温度　冬季寒冷的北方地区，对有些欧洲品种可稍加覆盖，以保证安全越冬。成株开花3年后易衰老。必须适当进行分株繁殖，使其复壮。

（4）病虫害防治 白粉病发病初期可选用15%粉锈宁可湿性粉剂1500倍液或75%百菌清可湿性粉剂600倍液等，每隔7～10天喷1次，连喷2～3次。发病初期也可用2%抗霉菌素120水剂或BO-10水剂，每次每亩田用药500毫升，加水100升喷雾，每隔10天喷1次，可喷3～4次。

第四章

常见球根花卉的栽培

　　球根花卉是指地下茎或根变态膨大，形成球状物或块状物，大量储藏养分的多年生草本花卉。所包含的主要类型有球茎类、鳞茎类、块茎类、根茎类和块根类等（图4-1）。

球茎	鳞茎	块茎

根茎　　　　　　　　　　　　　块根

图4-1　球根类花卉的地下部分

（1）**球茎类** 地下茎短缩膨大呈实心球状或扁球形，其上有环状的节，节上着生膜质鳞叶和侧芽。球茎基部常分生多数小球茎，称子球，可用于繁殖，如唐菖蒲、小苍兰等。

（2）**鳞茎类** 茎变态而成，呈圆盘状的鳞茎盘。其上着生多数肉质膨大的鳞叶，整体球状，又分有皮鳞茎和无皮鳞茎。有皮鳞茎外被干膜状鳞叶，肉质鳞叶层状着生，故别名层状鳞茎，如水仙及郁金香。无皮鳞茎则不包被膜状物，肉质鳞叶片状，沿鳞茎中轴整齐抱合着生，别名片状鳞茎，如百合等。有的百合（如卷丹），地上茎叶腋处产生小鳞茎（珠芽），可用以繁殖。有皮鳞茎较耐干燥，不必保湿储藏；而无皮鳞茎储藏时，必须保持适度湿润。

（3）**块茎类** 地下茎或地上茎膨大呈不规则实心块状或球状，上面具螺旋状排列的芽眼，无干膜质鳞叶。部分球根花卉可在块茎上方生小块茎，常用之繁殖，如马蹄莲等；而仙客来、大岩桐、球根秋海棠等，不分生小块茎。

（4）**根茎类** 地下茎呈根状膨大，具分枝，横向生长，而在地下分布较浅，如大花美人蕉、鸢尾类和荷花等。

（5）**块根类** 由不定根经异常的次生生长，增生大量薄壁组织而形成，其中储藏大量养分。块根不能萌生不定芽，繁殖时须带有能发芽的根颈部，如大丽花和花毛莨等。

此外，还有过渡类型，如晚香玉，其地下膨大部分既有鳞茎部分，又有块茎部分。

第一节 习 性

球根花卉大多数要求阳光充足，少数喜半阴，如百合、石蒜等。阳光不足不仅影响当年的开花，而且球根生长不能充实肥大，进而影响翌年的开花。对土壤要求很严，一般喜含腐殖质、表土深厚、排水良好的沙质壤土。球根花卉种类不同，对温度要求也不同，生长季节不同，因此栽植时期也不同。有在春季栽植，即春植球根，如唐菖蒲、大丽花、晚香玉、韭兰等；有在秋季栽植，即秋植球根，如水仙、百合、风信子等。

球根花卉系多年生草本花卉，从播种到开花，常需数年，在此期间，球根逐年长大，只进行营养生长。待球根达到一定大小时，开始分化花芽、开花结实。也有部分球根花卉，播种后当年或次年即可开花，如大丽花、美人蕉、仙客来等。球根栽植后，经过生长发育，到新球根形成、原有球根死亡的过程，称为球根演替。有些球根花卉的球根一年或跨年更新1次，如郁金香、唐菖蒲等；另一些球根花卉需连续数年才能实现球根演替，如水仙、风信子等。

球根花卉在自然条件下，都是在夏季高温季节进行花芽分化。其又可分为休眠期花芽分化和生长期花芽分化两种类型。

休眠期花芽分化：这类球根花卉的花芽分化在地上部叶片抽生以前完成。夏季，地上部枯死，进入休眠状态，而地下鳞茎未停止生长，并且鳞茎内的生长锥在缓慢地进行花芽分化，花芽分化的适温在18～20℃。这类球根花卉花芽分化后，不立即开花，等花轴伸长，花朵才开放。这类花卉开花的温度较花芽分化低，因此在夏季花芽分化结束，翌年早春开花。

生长期花芽分化：此类球根花卉是在叶生长后期进行花芽分化，其花芽分化是在叶生长到一定阶段进行，所以自春季种植后，花芽分化正处于夏季高温季节。

第二节　繁　殖

球根花卉的繁殖可采用种子繁殖，但由于从播种到开花所需时间长，生产上很少采用。因其种子繁殖可以分离出与原种性状不同的类型，有利于培育出新的品种或新的类型，因此种子繁殖只有在培育新品种时应用。生产上多采用分球法进行繁殖，也可用组织培养法进行快速繁殖。

球根花卉种植萌发后，长成植株，在花朵发育形成的同时，地下球根也发生了变化，一般种植的母球逐渐空瘪、干缩，在这个过程中形成少量新球和多数子球。在地上部枯黄时，新球成熟，即可作为来年的种球用；子球则作为扩大繁殖的材料，经2～3年的培养，又可作开花母球种植。

在种植材料缺乏时，也可用分割球根的方法进行繁殖。球茎类花卉分割繁殖可将球茎分割成数块，但每块必须带有芽点和茎盘，保证种植后芽的萌发。鳞茎类花卉分割繁殖时，可以将鳞茎首先纵切成数块，然后再分切成每份带两个鳞片的小块，每小块上应带有一块小的茎盘，种植后，双鳞片腋处的腋芽即可萌发形成幼芽，茎盘处形成根系，成为完整的植株。块根类分割时，应将老茎基部纵切数瓣，每瓣上均带有芽点，且下部带有肥大的块根，这样种植后才能保证幼芽萌发初期的营养供应，发育成植株。

第三节　栽培管理

（1）土壤　种植球根花卉的土壤应疏松、肥沃、富含有机质。种植前翻耕土地，若种植较小的球根，应翻耕30厘米左右；大的球根应翻耕45厘米左右。翻耕前施足有机肥料，翻后耙碎整平，修好排水渠道。

（2）栽植　球根花卉一般直立生长，植株较矮小，并且生长速度快，因此占地时间短，可尽量密植。即小型球根株行距一般5～10厘米，大型球根一般15厘米左右。种植深度根据球根的体积、土壤及气候决定，一般小型球根种植深度为球根本身高度的2～3倍，对于大型球根，种植应稍浅，可使球根颈部与土面相平，或略高于土面。另外，土质与种植深度也有关，沙质土壤可深些，土壤黏重应浅些。气候严寒和酷热的地区种植宜深些，温和地区种植宜浅；强风地区种植应深，弱风或无风地区种植宜浅。

（3）肥料　对于球根花卉，多施有机肥既对植株生长有利，又可改良土壤。但有机肥必须经过腐熟后才能作为肥料使用。有机肥具有肥效缓而长、肥分全等特点，因此常作基肥用。无机肥具有养分含量高、见效快等特点，多作追肥使用。但使用无机肥时，应注意各种元素的配比，使各种元素在植株体内得到适当的平衡，肥效才能充分发挥，目前多采用多元复合肥。另外，应有机肥和无机肥配合施用，扬长避短，发挥各自的作用。

（4）水分　球根花卉因地下部分膨大、肉质，因此浇水过多，容易引起球根腐烂；若过于干旱，会影响植株的生长发育。虽球根花卉较其他植株耐干旱，但也必须注意及时浇水，以保证植株的正常生长。因此，球根花卉浇水应做到：保持土壤湿润，不可过湿，忌积水；水温尽量接近土温，以免浇水引起花卉体温的骤变，炎夏浇水应在早晨或傍晚，冬季浇水应在中午进行，如用自来水浇灌，应将其放入水池或容器中，晾晒数日再进行浇灌；以雨水浇灌最好，其次是河水，如水质过硬，应进行软化后再进行浇灌；土壤表面发白时即进行浇水，浇则必透，避免浇"半截子水"，即只湿表面，下部干燥的状态，形成看似浇透、实则干旱的假象。

（5）**管理**　秋植球根花卉后，有的冬前不仅根系萌生，还可长出幼芽；有的冬天只生出苗壮的根系，幼芽并不萌发。总之，冬前已开始生长，特别是冬季干旱地区，保墒显得特别重要，若过于干旱，则根系发育不良，对越冬不利，并且影响第二年的生长、发育、开花和新球根的形成。冬季对肥料要求不多，开春后，随着植株的迅速生长，消耗肥料较多，必须及时进行追肥，满足植株的需要。春季种植的球根花卉生长时间较长，除施足基肥外，生长季节每半个月左右追速效性肥料1次；夏末至秋初地上与地下同时生长，需要大量的养分供应，此时应多追肥。同时生长季节正值多雨季节，应注意排涝，春旱地区应注意浇水。总之，球根花卉栽培管理可归纳如下几个方面。

① 栽植球根时大球与小球要分别栽植，可避免由于养分的分散而造成开花不良。

② 大多数球根花卉，吸收水分和养分的根系较少并且脆而嫩，且碰断后不能再生新根，因此球根花卉在生长期间不可移植。

③ 许多球根花卉又是良好的切花，因此在进行切花栽培时，在满足切花长度要求的前提下，应尽量多保留植株的叶片。

④ 开花后地下新球也正值成熟充实期，要加强肥水管理。

⑤ 花后应立即剪除残花，不使结实，减少养分的消耗，使新球发育充实。若专门进行球根生产栽培，在见花蕾发生时即除去，不使其开花，保证新球生长的养分供应。

⑥ 球根花卉大多数叶片少或有定数，因此在栽培过程中应注意保护，不要损伤，否则会影响光合作用，不利于新球的生长。

（6）采收 球根花卉停止生长后，叶片呈现萎黄时，即可采球茎。采收要适时，过早球根不充实，过晚地上部分枯落，采收时易遗漏子球，以叶变黄 1/2 ~ 2/3 时为采收适期。采收应选晴天，土壤湿度适当时进行。采收中要防止人为的品种混杂，并剔除病球、伤球。掘出的球根，去掉附土，表面晾干后储藏。在储藏中通风要求不高，但对需保持适度湿润的种类，如美人蕉、大丽花等，多混入湿润沙土堆藏；对要求通风干燥储藏的种类，如唐菖蒲、郁金香、水仙及风信子等，宜摊放于底为粗铁丝网的球根储藏箱内。

（7）球根储藏 各类球根的储藏条件和方法，常因种和品种而有差异，又与储藏目的有关。对通风要求不高而需保持一定湿度的球根，如美人蕉、百合、大丽花等，可用干沙或锯末堆藏或埋藏；储藏时需要相对干燥的球根，如水仙、郁金香、唐菖蒲等，可采用空气流通的储藏架分层堆放。

春植球根储藏，室温保持在 5℃左右，不低于 0℃，不高于 10℃；秋植球根储藏保持室内高燥凉爽，此时正值花芽分化期，最适温度为 18℃左右，不能超过 20℃，否则花芽分化受阻。关键是保持储藏环境的干燥和凉爽，切忌闷热和潮湿。

（8）病虫害防治 球根花卉常见的病、虫危害，除在生长期喷洒药剂防治外，需要注意如下几点。

① 选用无病虫感染的球根和种子。

② 进行土壤消毒。

③ 栽植或播种前，对球根或种子进行处理，以杀灭病菌、虫卵（还可加入解除球根休眠的药剂，使球根迅速而整齐地萌芽）。

④ 球根采收后，储藏之前要进行药剂处理。

⑤ 应用茎尖脱毒技术生产无病毒植株。

第四节 实 例

一、百合

1. 形态特征及习性

百合为百合科、百合属多年生鳞茎花卉。其地下部分的鳞茎，由数十片鳞叶抱合而成，是百合的养分储藏和繁殖器官，属无皮鳞茎。直立茎是鳞茎顶芽发育而成，抽出地面，高50～100厘米，不分枝，顶端最后形成花芽。部分种类在直立茎的叶腋间能生出气生鳞茎，栽培上称为珠芽，可用作"种子"生产种球。鳞茎是由地下鳞茎盘的压缩茎上的鳞状叶组成的，从鳞茎盘基部长出的根称为基生根，由地下茎长出的根称为茎根。茎生小鳞茎是当直立茎抽出地面，在地下茎节位上能形成小鳞茎，个体较小，是由花茎地下茎节的腋芽发育而成，培育1～2年后可开花。百合叶多散生，稀轮生，披针形、矩圆状披针形、条形等，无柄或柄短，全缘，具光泽。百合花为总状花序，生茎顶，花朵数与品种性状和鳞茎大小有关，花序由下而上逐朵开放，花序花期长达20天左右，花色丰富，有红、黄、白、粉、橙及复色等，花被6枚，分内外两轮。百合的果实为蒴果，内有数百粒种子，种子近圆形、薄片状（图4-2）。

图4-2 百合形态

百合生长喜凉爽湿润的环境条件，能耐严寒怕酷暑，喜阳光，稍耐遮阴，要求肥沃、腐殖质丰富、排水良好的微酸性土壤。温度低于5℃或高于30℃对生长不利，适温为18～25℃。花后地上部枯萎，地下部进入自然休眠，通常5℃左右的低温处理可解除休眠。

2. 用途

百合品种繁多、花期长、有色有香，最宜大片纯植或丛植疏林下、草坪边、亭台畔以及建筑基础。亦可作花坛、花境花卉，也可植于林缘或岩石园或盆栽观赏，多数种类更宜作切花（图4-3）。

图4-3　百合用途

3. 繁殖方法

百合的繁殖方法较多，可用分球、分珠芽、扦插鳞片及播种等方法繁殖。

（1）**分球繁殖**　许多百合如麝香百合，母球在生长过程中，于茎轴旁不断形成新的小球，并逐渐扩大与母球自然分裂，将这些小球与母球分离，另行栽植。百合地上茎的基部及埋于土中的茎节处均可产生小鳞茎，同样把它们分离，作为繁殖材料另行栽植。

（2）**扦插繁殖**　鳞片是百合无性繁殖最常用和繁殖系数最高的材料。选取成熟的大鳞茎，阴干几天后，将鳞茎剥去表皮，将鳞片逐一剥下，将鳞片1/2～1/3斜插于粗沙或蛭石中，注意使鳞片内侧面朝上，保持温度20℃左右，以后自鳞片切口处会形成小鳞茎并生根，经3年培养便可长成种球。另外，百合的茎段和叶片也可进行扦插，麝香百合接近地面的茎节和上部叶片插在水中或湿润的珍珠岩中均能形成小鳞茎，类似鳞片繁殖。

（3）珠芽繁殖　一些百合如卷丹、沙紫百合的茎节叶腋处均长有紫黑色珠芽，类似小鳞茎，可在花后珠芽尚未脱落前采集并随即播入疏松的苗床内或储藏沙中，待春季播种。2～3年的细致周到管理可望开花。

（4）播种繁殖　不常用，杂交新种的培育可以采用，如台湾百合等少数早花百合采用播种繁殖。一般种子成熟采后即播，1个月左右可发芽。

近年也多利用鳞片的组织培养技术得到大量种苗，另外用茎尖组织培养可以得到无病毒苗。

4. 栽培管理

（1）整地作畦　栽植地应选地势高爽、排水良好、土质疏松、富含腐殖质、土层深厚疏松的土壤。多数种类喜微酸性土壤，应深翻30～40厘米，忌连作。采用畦作或箱式栽培，畦高20厘米，宽100厘米。

（2）选种种植　切花百合栽培，种球选择应从品种定位和种球质量两方面考虑。品种应因地、因市场而变，种球自身质量除应选生长健壮、无病虫害的外，还应是通过小鳞茎复壮的1～2年生新球，从周径看，亚洲百合12～14厘米、东方百合14～16厘米、麝香百合12～14厘米可用于生产。种植前3天，土壤应充分浇水，栽植时间以春植或秋植较普遍。种植密度，亚洲百合较密，麝香百合次之，东方百合较稀，行距一般为25厘米，株距为9～15厘米，覆土深度要根据品种及鳞茎大小来定，一般为8～10厘米，不宜过浅。最后灌水，待水落下后，用松针、稻草、杉叶或泥炭等物覆盖土面，以保温保湿，等芽出齐后将覆盖物揭掉。

（3）肥水　百合属浅根性花卉，对水分依赖性大，其生长期喜湿润，不能缺水，尤其在花芽分化期和现蕾期，最好要有喷灌和滴灌控制系统，漫灌方式会使表土板结，导致植株缺氧而黄化。百合种植后的3～4周不施肥，鳞茎发芽出土后要及时追肥，前期以氮肥为主，花芽分化后，加施磷、钾肥，每10天1次。必要时还可进行叶面喷肥。

（4）光照温度　在冬寒地区栽培百合应有加温设备，以使不耐寒百合在寒冷季节不至于受到低温伤害。采用电热加温既有效又卫生，但成本较高。北方用日光温室大棚栽培也能产生好的效果。百合属于长日照花卉，但直接的强光对百合生长不利，会造成切花品质下降，可用50%的遮阳网降低光照。但在秋冬季应除去遮阳网，以防光照不足落花落蕾。

（5）张网立柱　一些百合品种直立性差，当植株生长到60厘米时可设立支柱或用尼龙网扶持，以防茎秆弯曲而降低品质。支柱可用竹木，也可用钢筋加尼龙网。用网时应拉紧。

（6）采收保鲜　百合采收一般在清晨进行，5～10朵花要求有3个花蕾着色，5朵以下的有1个花蕾着色方可采收。剪下后将切枝下端10厘米的叶摘除，分级每10～12枝一束，尽快放入冷藏室保鲜。为了促进地下部生长，剪花时应留地面上茎秆20厘米以上。

（7）病虫害防治　灰霉病可用克菌丹、托布津、代森锌500倍液防治；立枯病要避免重茬，栽种前用福美胂500倍液或40%甲醛50倍液浸泡15分钟；根腐病应拔除病株并销毁，用敌克松对土壤进行消毒；病毒病防治应防蚜虫、拔除病株，防止传染，也可采用组织培养技术获得无病毒苗；主要害虫有蚜虫、螨类、蛴螬和地老虎等，可用氧化乐果、三氯杀螨醇和毒饵防治。

二、美人蕉

1. 形态特征及习性

美人蕉别名红艳蕉、昙华，为美人蕉科、美人蕉属多年生草本球根花卉。原产于美洲热带及亚热带地区。

美人蕉株高0.8～1.5米。根状茎肉质、粗壮，块状分枝横走地下。地上茎直立粗壮，叶绿而光滑，不分枝，略被白粉。叶互生，阔椭圆形，长40厘米，宽20厘米。总状花序顶生，具长梗。花极大，花径10～20厘米，花瓣直伸，具4枚圆形花瓣状雄蕊。花色有橘红、粉红、乳白、黄、大红至红紫色。花期6～10月（图4-4）。

美人蕉生性强健，极不耐寒，喜阳光充足、温暖而炎热的气候。适应性强，以湿润肥沃、疏松、排水良好、有机质深厚的土壤为宜。耐湿，但忌积水。怕强风，忌霜冻。华南可四季开花，华北不能露地越冬。

2. 用途

美人蕉花大色艳，色彩丰富，株形好，花期长，栽培容易，为园林绿化的重要花卉，可大片自然式栽植、丛植，或布置花坛、花境，也可盆栽。且现在培育出许多优良品种，观赏价值很高（图4-5）。

图4-4　美人蕉形态　　　　　图4-5　美人蕉用途

3. 繁殖

（1）播种繁殖　播种繁殖主要用于育种上，生产上很少用。美人蕉种粒较大、种皮坚硬，需用利具割口或用26～30℃的温水浸种24小时后于3月温室内播种，20～30天发芽，长出2～3片叶时移栽1次，当年可开花，但花色和花型不稳定，翌年才较为稳定。这种方法仅在育种时使用。

（2）分根繁殖　分根繁殖一般在春季栽植前进行。早春将老根茎挖出分割成段，每段带2～3个饱满芽眼及少量须根。栽入土壤中10厘米深左右，株距保持40～50厘米，浇足水即可。新芽长到5～6片叶子时，要施1次腐熟肥，当年即可开花。

4. 栽培管理

（1）施肥　美人蕉春天栽植，栽前施足基肥（多为迟效性肥料），开花前施1次稀薄液肥，可用2%的尿素或稀释100倍的饼肥原液（饼肥原液的制作同石斛），开花期间再追施2～3次0.1%的磷酸二氢钾肥。开花后及时剪去残花，以免消耗养分。

（2）浇水　生长期，每天应向叶面喷水1～2次，以保持湿度。由于美人蕉极喜肥耐湿，所以盆内要浇透水。

（3）光照　全日照。生长期要求光照充足，保证每天要接受至少5小时的直射阳光。环境太阴暗，光照不足，会使开花期向后延迟。如果在开花时将其放置在凉爽的地方，可以延长花期。

（4）温度　适宜生长温度15～30℃。开花时，为延长花期，可放在温度低、无阳光照射的地方，环境温度不宜低于10℃。气温达40℃以上时，可将美人蕉移至通风凉爽处。霜降前后，可把盆栽美人蕉移至温度5～10℃处，即可安全越冬。

（5）修剪整形　当茎端花落后，应随时将其茎枝从基部剪去，以便萌发新芽，长出花枝，陆续开花。

（6）病虫害防治　美人蕉抗病虫的能力较强，偶有地老虎吃根，可根据地老虎白天在植株根部2～6厘米处潜伏的特性，在清晨挖土捕杀。也可用敌百虫600～800倍液浇灌根部，每周1次，连续浇3～4次即可。遇到卷叶虫害可用50%敌敌畏800倍液或50%杀螟松乳油1000倍液喷洒防治。

三、水仙

1. 形态特征及习性

水仙别名凌波仙子、天葱，为石蒜科、水仙属多年生鳞茎花卉。

地下部具肥大的鳞茎，大多数为卵圆形或球形，具长颈，外被褐黄色或棕褐色皮膜。在鳞茎的基部两侧可伴生小鳞茎，也称脚芽、边芽，可作繁殖材料。水仙根肉质，从鳞茎盘上长出，乳白色，圆柱形，无侧根，易断，折断后不能再生。叶从鳞茎顶部丛出，呈扁平带状，叶色葱绿，叶面有霜粉，具平行脉，先端稍钝，基部为乳白色的鞘状鳞片，无叶柄，一般有叶5～9片。花单生或多朵呈伞形花序着生于花葶顶部，花葶直立，圆筒状或扁圆筒状，中空，高20～80厘米，花多为黄、白或晕红色，侧向下垂，部分种类的花具浓香。两性花，具清香。蒴果内无种子（图4-6）。

图4-6 水仙形态

水仙喜温暖湿润气候，尤其适宜生长在冬无严寒，夏无酷暑，春秋多雨的地方。喜水、喜肥，要求疏松、富含有机质的湿润壤土，也稍耐干旱和瘠薄土壤。喜光，也能耐半阴，花期应确保阳光充足。水仙秋冬生长，早春开花并储藏养分，夏季休眠。

2. 用途

水仙花形优美，花色素雅，叶色青绿，姿态潇洒，既适宜室内案头、窗台点缀，又适宜园林中布置花坛、花境，也宜疏林下、草坪上成丛成片种植，还可作地被花卉和切花（图4-7）。

3. 繁殖方法

（1）分球繁殖 水仙通常采用分球法繁殖，即侧球繁殖，侧球着生在鳞茎球外的两侧，仅基部与母球相连，很容易自行脱离母体，秋季将其与母球分离，单独种植，小鳞茎约需3年培养才能长成大球开花，在第三年栽种前，应把鳞茎内的侧芽切去，以保存养分集中供主芽生长。

图4-7　水仙用途

（2）**侧芽繁殖**　侧芽是包在鳞茎球内部的芽。只在进行鳞茎阉割时，才随挖出的碎鳞片一起脱离母体，拣出白芽，秋季撒播在苗床上，翌年产生新球。

（3）**双鳞片繁殖**　1个鳞茎球内包含着很多侧芽，有明显可见的，有隐而不见的，其规律是隔2个鳞片1个芽，用带有2个鳞片的鳞茎盘作繁殖材料就叫双鳞片繁殖。方法是把鳞茎先放在低温4～10℃条件下4～8周，然后把鳞茎从根盘向上切开，使每块带有2个鳞片，并将鳞片上端切除，留下2厘米，然后用塑料袋盛含水50%的蛭石或含水6%的沙，将其放入袋中，封闭袋口，置于20～28℃的黑暗处，经2～3月可长出小鳞茎。

另外也可采用组织培养的方法进行繁殖。

4. 栽培管理

水仙栽培分旱地和水田栽培两种方式。

（1）**旱地栽培**　此法与其他秋植球根花卉基本相同，施足底肥，起高垄，垄上开沟栽入水仙头，覆土3～4厘米，种植时，选较大的球用点播法，单行种植或宽行密株种植。单行种植时用6厘米×25厘米的株行距，宽行密株种植的用6厘米×15厘米的株行距，栽后经常向沟内浇水，保持土壤湿润，3月再施1～2次液肥，5～6月叶片枯黄后起收鳞茎。

（2）水田栽培　即在高畦四周挖成灌溉沟，沟内经常保持一定深度的水，使水仙在整个生长发育时期都能得到充足的土壤水分和空气湿度。此法是我国著名的漳州水仙特有的生产球根的栽培方法，具体栽培方法如下。

① 耕地溶田。8～9月把土地耕松，然后放水浸灌，浸田1～2周后，把水排出。施入充足的基肥，随后进行多次耕翻，深度在35厘米以上，使下层土壤熟化、松软，以提高肥力，减少病虫害和杂草，并增加土壤透气性。然后作高畦，并沿每畦四周挖灌溉沟，宽深分别为40厘米和30厘米。栽植后，引水入沟，进行灌溉。

② 种球选择与分级栽培。从经过二年生栽培的球中，选出生长健壮、球体充实、无病虫害、鳞茎盘小而坚实、主芽单一、顶端粗大、直径在5厘米以上的球作种球。栽种前将种球的鳞茎盘浸于100倍液的福尔马林水溶液中5～10分钟，或用0.1%的升汞水浸球半小时，进行消毒。

③ 阉割种球。其原理与一般植物剥芽一样，目的是将养分集中供给主芽，使主芽生长健壮。不同的是它的侧芽是包裹在鳞片之内的，不剖开鳞片就无法去除侧芽。阉割技术难度较大，操作时既要去掉全部侧芽，又不能伤及主芽及鳞茎盘。侧芽居于主芽扁平叶面的两侧，阉割时，首先找准侧芽着生的位置，然后用左手拇指与食指捏住鳞茎盘，再用右手操刀阉割。阉割时，挖口宜小，如果误伤了鳞茎盘与主芽，即应弃之。阉割后，使伤口处流出的白色黏液阴干1～2天后再栽种。

④ 栽植。霜降前后进行。一般子球需3年才能培养成开花的大球。前2年栽培简单、粗放。第三年栽培细致，按20厘米×40厘米的株行距在畦面开沟栽球，种植时要逐一检查叶片的着生方向，按未来叶片一致向行间伸展的要求种植，以使有充足的空间。为使鳞茎坚实，宜深植。一二生栽培，深8～10厘米；三年生栽培，深约5厘米。覆土后，沟中施以适量腐熟的人粪尿，待肥料充分渗入土壤后，引水灌溉，使沟水从畦底逐渐渗透至畦面后，次日再排除沟水，待泥

黏而不成浆时，整修沟底与沟边并予夯实，以减少水分的渗透，使流水畅通。修沟之后，在畦面盖稻草，并使稻草两端垂至沟水中，使水分沿稻草上升，保持土壤湿润、不板结、不滋生杂草。

⑤ 田间管理。水仙喜肥，除要求有充足的基肥外，生育期还应多施追肥。第一年栽培，平均半个月追肥1次；第二年栽培每10天追1次肥；到第三年，肥量增多，每周1次。水仙喜湿润，种植后沟中必须经常保持有水。灌水沟中经常要有流水，水的深度与生长期、季节、天气有关。一般天寒时，水宜深；天暖时，水宜浅；生长初期，水深维持在畦高的3/5处，使水接近鳞茎球基部。2月下旬，植株已高大，水位可略降低，晴天水深为畦高的1/3，如遇雨天，要降低水位，不使水淹没鳞茎，在4月下旬至5月，要彻底去除拦水坝，排干沟水，直至挖球。阉割鳞茎后，如有未除尽的侧芽萌发，应及早进行1～2次剥芽，以弥补阉割不尽之弊。田间种植的水仙12月下旬～翌年3月开花，为使养料集中到鳞茎，应将花葶自1/3处摘除。对于低于-2℃的天气，应有防寒措施。较暖地区可设置风障，较寒地区可用薄膜覆盖。

⑥ 采收和储藏。水仙地上部分逐渐枯萎，开始进入休眠。此时将球挖出，切除球底须根，用泥将鳞茎盘和两边相连的脚芽基部封上，保护脚芽不脱落，然后把球摊晒在阳光下，待封土干燥后，便可运回储存于阴凉通风处。水仙储藏期间，鳞茎球内部仍进行生理、生化活动，花芽分化也发生在这个时期。水仙储藏温度以26℃以上为宜。湿度不可太高，储藏期的相对湿度约50%，否则不利于球根保存，也不利于花芽分化。此外，保持室内空气新鲜，更注意通风换气。

四、朱顶红

1. 形态特征及习性

朱顶红别名百枝莲、对红、柱顶红，为石蒜科、朱顶红属多年生球根草本花卉。原产秘鲁。朱顶红有肥大的卵状球形鳞茎，直径约

7厘米。鳞茎下方生根，上方对生两列叶，呈宽带状，先端钝尖，绿色，扁平，较厚。鳞茎外包皮颜色与花色有关。花梗自鳞茎抽出，直立粗壮但中空，伞状花序着生顶部，开花2～6朵，两两对生。花朵硕大，直径10厘米左右，喇叭形，略平伸而下垂，朝阳开放，花色鲜艳，有白、黄、红、粉、紫及复色等。花期在春夏之间（图4-8）。

朱顶红喜温暖、湿润、阳光，但又忌强光照射的环境，需要充足的水肥。夏季要求凉爽气候，温度在18～22℃，在炎热的盛夏，叶片常常枯黄而进入休眠，忌烈日暴晒。冬季气温不可低于5℃，否则休眠。要求冷凉、干燥、富含腐殖质而排水良好的沙质壤土。

2. 用途

朱顶红花形大，色彩鲜艳，叶片鲜绿洁净，适于盆栽装点客厅、过道、走廊和会议室等，是普遍受人们喜爱的花卉之一（图4-9）。也可于庭院栽培、配植花坛或作为鲜切花使用。

图4-8　朱顶红形态

图4-9　朱顶红用途

3. 繁殖

（1）播种繁殖　播种繁殖要在开花时进行人工异花授粉。朱顶红容易结实，6、7月采种后即播种，发芽良好。播种时以株行距2厘米点播，播后置于半阴处，保持湿润，温度控制在15～20℃，2周即可发芽，待小苗长出2片真叶时分苗，翌年春天可上盆，但3～5年后方可开花。

（2）**扦插繁殖** 将母球纵切成若干份，再分切其鳞片，斜插于蛭石或沙中。长出2片真叶时定植。栽植鳞茎时，盆土过于轻松，会延迟开花或减少成花数，可以用沙质壤土5份、草炭土2份和沙1份的混合土，栽植深度以鳞茎的1/3露出土面为好。

（3）**分球繁殖** 分球繁殖于春季3、4月将每个老鳞茎周围的小鳞茎取下繁殖，分离时勿伤小鳞茎的根。栽植时，鳞茎顶部宜露出地面，土壤要肥沃。分取的小鳞茎一般经过2年地栽才可形成开花的种球。

采用人工切球法大量繁殖子球时，将母鳞茎纵切成若干份，再在中部分为两半，使其下端各附有部分鳞茎盘作为发根部位，然后扦插于泥炭土与沙混合的扦插床内，适当浇水，经6周后，鳞片间便可长出1～2个小球，并在下部生根。这样一个母鳞茎可得到近百个子鳞茎。

4. 栽培管理

（1）**施肥** 大球栽植距离保持20～35厘米，栽植不宜太深。生长期每10天追施加5倍水的人畜粪尿液1次，最好加一些磷肥，如5%的过磷酸钙或骨粉等，花蕾形成后不再施肥，花谢后每隔半月施用加3倍水的人畜粪尿液1次，以促进鳞茎肥大充实。

（2）**浇水** 浇水应见干见湿，以免积水造成鳞茎腐烂，入秋后逐渐减少灌水量，叶片枯萎后，灌水停止。一般室内空气湿度即可。

（3）**光照温度** 朱顶红冬季休眠期喜冷凉干燥，生长适温5℃～10℃。冬季应剪除枯叶，覆土越冬。朱顶红喜阳光，可以接受适量的阳光直射，但不可太久。宜放置在光线明亮、通风好、没有强光直射的窗前。

（4）**修剪整形** 朱顶红生长快，叶长又密，应在换盆、换土的同时，把败叶、枯根、病虫害根叶剪去，留下旺盛叶片。

（5）**病虫害防治** 朱顶红常见的病害有叶斑病，可用75%多菌灵可湿性粉剂600～800倍液喷洒。线虫病需用43℃温水加入0.5%福尔马林浸鳞茎3～4小时，达到防治效果。红蜘蛛可用40%三氯杀螨醇乳油1000倍液喷杀，也可用90%杀虫醚粉剂1000倍液喷杀。

五、郁金香

1. 形态特征及习性

郁金香别名洋荷花、草麝香，为百合科、郁金香属多年生草本花卉。鳞茎扁圆锥形或扁卵圆形，直径2～3厘米，2～5枚肉质鳞片着生于鳞茎盘上，外被淡黄至棕褐色皮膜。茎叶光滑具白粉。叶3～5片，带状披针形或卵状披针形，全缘略呈波状，基生或部分茎生。花单生茎顶，大型，直立杯状，有白、粉红、洋红、紫、褐、黄、橙等单色或复色品种，还有带条纹、饰边、斑点的品种及重瓣品种等。花期一般为3～5月，有早、中、晚之别，白天开放，夜间及阴雨天闭合。蒴果3室，室背开裂，种子扁平多数（图4-10）。

图4-10 郁金香形态

郁金香属长日照花卉，性喜避风、冬季温暖湿润、夏季凉爽稍干燥的向阳或半阴环境。耐寒性很强，可耐-30℃的低温，生长适温为8～20℃，开花最适温度为15～18℃，花芽分化适温17～20℃。根系受损后不能再生。在严寒地区如有厚雪覆盖，鳞茎就可在露地越冬，但怕酷暑，如果夏天来得早，盛夏又很炎热，则鳞茎休眠后难以度夏。要求腐殖质丰富、疏松肥沃、排水良好的沙质壤土。忌低湿、黏重土壤和连作。郁金香有耐寒不耐热的特性，一般在炎热的季节就会转入休眠。鳞茎寿命1年，当年开花并分生新球及子球，并逐渐干枯死亡。通常1个母球可分生1～5个新球。郁金香种球必须经过一定的低温才能开花，在原产地，冬季一般有充足的低温时间，郁金香种球能够获得足够的低温处理时间，可以在春天自然开花。一般来说，在生产上使用的郁金香鳞茎经5～9℃低温处理，处理后的种植方法主要是温室栽培和箱内促成栽培。

2. 用途

郁金香是重要的春季球根花卉，宜作切花或布置花坛、花境，也可丛植于草坪上、落叶树树荫下。中、矮性品种可盆栽（图4-11）。

图4-11　郁金香用途

3. 繁殖

郁金香通常采用分球、播种及组织培养等方法进行繁殖。

（1）分球繁殖　以分离小鳞茎法为主。华东地区在秋季9～10月分栽小球，华北地区宜9月下旬至10月下旬栽植，暖地可延至10月末至11月初栽完，过早栽植常因入冬前抽叶而易受冻害，过迟则常因秋冬根系生长不充分而降低了抗寒力。母球每年更新，花后在鳞茎基部发育成1～3个次年能开花的新鳞茎和2～6个小球，母球干枯。新球与子球的膨大常在开花后1个月的时间内完成。可于6月上旬将休眠鳞茎挖起，去泥，储藏于干燥、通风和20～22℃温度条件下，有利于鳞茎花芽分化。分离出大鳞茎上的子球放在5～10℃的通风处储存。直径1.5～2厘米的球，培养1年就可成为成品球。

（2）播种繁殖 若需大量繁殖或育种时则可采用播种繁殖，种子无休眠特性，需经7～9℃低温，播后30～40天萌动，发芽率85%。一般露地秋播，越冬后种子萌发出土，至6月地下部分已形成鳞茎，待其休眠后挖出储藏，到秋季再种植，经5～6年才能开花。

4. 栽培管理

（1）种球处理 鳞茎挖出2天内用浓度为0.1%的苯莱特溶液消毒，种球在配好的药液中浸泡20分钟左右，然后在阴凉处摊晾，待干燥后进行储藏。开始在18℃下储藏1个月左右，促进花芽分化。以后根据促成栽培计划，9℃低温干藏2个月左右，促进花芽发育。

（2）种植 大棚栽培时，由于大棚内地温高，郁金香会发生晚春化现象，而且会降低促成栽培的低温处理效果。因此，早植不如晚植，一般在春节前2个月左右，大约11月上中旬栽种。栽前去除褐色鳞茎皮，用50%的多菌灵500倍液浸泡2小时左右。株行距为9厘米×10厘米，定植后浇透水，促其生根。

露地栽培时，应选避风向阳的地点及轻松肥沃的土壤，先深耕整地，施足基肥，筑畦或开沟栽植，覆土厚度达球高的2倍左右。不可过深，过深不易分球且常引起腐烂；但也不可过浅，栽植过浅，易受冻害和旱害。栽植行距15厘米，株距视球的大小，5～15厘米不等。栽后适当灌水，促使生根。北方寒冷地区冬季适当加以覆盖，有助于秋冬根系生长及第二年开花。早春化冻前应及早撤去覆盖物。

（3）温度 在苗前和苗期，白天使室内温度保持在10～15℃，温度过高应及时通风降温，夜间不低于6℃，促使种球早发根、发壮根，培育壮苗。此时温度过高，会使植株茎秆弱、花质差。经过20多天，植株已长出2片叶时，应及时增温，促使花蕾及时脱离苞叶。白天室内温度保持在18～25℃，夜间应保持在10℃以上。一般再经过20多天时间，花冠开始着色，第一支花在12月下旬至翌年1月上旬开放，至盛花期需10～15天，这时应视需花时间的不同分批放置，温度越高，开花越早。一般花冠完全着色后，应将植株放在10℃的环境中待售。

（4）光照　充足的光照对郁金香的生长是必需的，光照不足，将造成植株生长不良，植株变弱，叶色变浅及花期缩短。但郁金香上盆后半个多月时间内，应适当遮光，以利于种球发新根。另外，发芽时，花芽的伸长受光照的抑制，遮光后，能够促进花芽的伸长，防止前期营养生长过快，导致徒长。出苗后应增加光照，促进植株拔节、形成花蕾并促进着色。后期花蕾完全着色后，应防止阳光直射，延长开花时间。

（5）施肥　由于基质中富含有机肥，生长期间不再追肥，但是如果氮肥不足而使叶色变淡或植株生长不够粗壮，则可施易吸收的氮肥，如尿素、硝酸铵等，但氮肥过多会造成徒长，甚至影响植株对铁的吸收而造成缺铁症。生长期间追施液肥效果显著，一般在现蕾至开花每10天喷浓度为2‰~3‰的磷酸二氢钾液1次，以促花大色艳、花茎结实直立。

（6）浇水　种植后应浇透水，使土壤和种球能够充分紧密结合而有利于生根，出芽后适当控水，抽花薹期和现蕾期要保证充足的水分供应，以促使花朵充分发育，开花后，适当控水。浇水时忌向叶丛中心浇水，这样会引起烂心及产生盲花芽，一般沿盆沿浇水。温室中的相对湿度一般要低于80%，湿度过高有可能引起叶、茎、花猝倒及产生病害。

（7）病虫害防治　郁金香病虫害的病原菌可由种球携带，也可由土壤携带而感染种球，多发生在高温高湿的环境，主要病害有茎腐病、软腐病、碎色病、猝倒病、盲芽等，虫害多为蚜虫。防治方法为：栽种前进行充分的土壤消毒，尽可能选用脱毒种球栽培，发现病株及时挖出并销毁，大棚生长过程中浇1~2次杀菌剂，效果更好；应保持良好的通风，防止高温高湿；蚜虫发生时，可用3%天然除虫菊酯800倍液喷杀。

（8）采收保鲜　待花蕾充分着色但花瓣还未展开时，即可采切上市。在冷凉地区，地栽郁金香多用于切花兼养球，剪花卉要留下全部基生叶，从叶丛中把花茎剪断。温室栽培时，常直接把花茎从鳞茎上拔出，或者整株包括鳞茎一起采收。不含鳞茎的郁金香切花在常温下通常只能保存2～3天，而带鳞茎的郁金香切花在低温下可以储藏较长时间。

　　带鳞茎的切花在0～1℃下，可储藏达3周之久。切花也可干储于0～2℃下，花茎应紧密包裹，水平放置。郁金香切花瓶插保鲜液为10毫克/升杀藻铵、2.5%蔗糖、10毫克/升碳酸钙的混合液，或用5%的蔗糖、50毫克/升的矮壮素及300毫克/升的8-羟基喹啉柠檬酸盐的混合液。

六、晚香玉

1. 形态特征及习性

　　晚香玉别名夜来香、月下香，为石蒜科、晚香玉属多年生草本花卉。原产墨西哥及南美洲，亚洲热带分布广泛，在我国华南地区栽培较广。

　　晚香玉具地下鳞茎状块茎，即上部似鳞叶包裹的鳞茎，下部为块茎，圆锥形。叶基生，带状披针形，茎生叶较长，向上呈苞叶状。花茎挺直，不分枝，自叶丛间抽生，高50～90厘米，顶生总状花序，花序长20～30厘米，小花20～30朵，成对着生，自下而上陆续开放，花白色，具芳香，夜间香味更浓，故名夜来香。重瓣品种植株较高而粗壮，着花较多，有淡紫色晕，香味较淡。花期8月末至霜冻前（图4-12）。

图4-12　晚香玉形态

晚香玉喜温暖、湿润、阳光充足的环境，要求肥沃、疏松、排水良好且富有有机质的偏酸性黏质壤土，不耐霜冻，忌积水。在合适的气候条件下可四季开花，无明显休眠期。培养土可用泥炭土、腐叶土和少量农家肥调配。

2. 用途

晚香玉翠叶素茎、碧玉秀荣、含香体洁、幽香四溢，使人七月忘暑、心旷神怡。晚香玉花茎长，花期长，是切花的重要材料，也是适宜布置花境、丛植、散植路边的优美花卉。

3. 繁殖

晚香玉宜采用分球繁殖。每年母球周围可生数个小子球，将子球分离进行栽植即可。于11月下旬地上部枯萎后挖出地下茎，除去萎缩老球，一般每丛可分出5～6个成熟球和10～30个子球，晾干后储藏室内干燥处。种植时将大小子球分别种植，中央大球可当年开花，小子球需2～3年后长成大球才能开花。从外观看，开花球体圆大且芽顶较粗钝，不能开花的球体偏偏，不匀称，芽顶尖瘦。老残球中心球不坚实，周围长有许多瘦尖的小球，这样的球需深栽养球，以复壮。

4. 栽培管理

（1）定植管理　晚香玉忌霜冻，应在晚霜后的6月初栽植露地。为使其提早发芽，栽前可在水中浸泡7～8小时后再栽植。栽植地应选择阳光充足的黏质壤土地块，翻耕后施入基肥。若土壤过干，可在栽前数日灌底水，保持土壤湿润，以利发芽。晚香玉为浅栽球根花卉，栽时应使能开花的大球芽顶微露出土面，当年不能开花的小球应栽得稍深些，以芽顶稍低于土面为宜。大球株行距为（25～30）厘米×（25～30）厘米，中小球为（10～20）厘米×（10～20）厘米。

（2）肥水管理　雨季注意排水，花前追肥1次。晚香玉生长期较长，花期为8月中下旬，若种植较晚，常到9月中旬才见花，有时刚刚进入盛花期就遇早霜。地上叶经霜后呈水浸状，停止生长。

（3）光照温度　地上部分枯萎后，在江南地区常用树叶或干草等覆盖防冻，就在露地越冬。但最好是将球根掘起，略经晾晒，除去泥土，将残留叶丛编成辫子，继续晾晒至干，吊挂在温暖干燥处储藏越冬，室温保持4℃以上即可。晚香玉亦能盆栽，并可用盆栽作促成栽培。在11月下旬植球，放在高温温室培养，可提前在4～5月开花，家庭养花则不便促成栽培。

（4）修剪促花　为使花期提前，可采用室内钵栽催芽，而后脱盆地植，但此法应用不多。剪掉经初霜的晚香玉茎叶，挖出球，充分晾晒干燥，置于0℃以上室内干燥贮藏，待明年栽培。

（5）病虫害防治　防治枯萎病，可喷施枯萎立克600～800倍液或50%多菌灵600倍液等。将病枝及时清除、烧毁，并在病株周围的土壤撒上生石灰，起到杀虫灭菌的作用。防治螨类害虫可喷施25%灭螨猛乳油800倍液或73%克螨特2000倍液等药物。防治蚧壳虫可以使用氯氰菊酯和快杀灵等防治。

七、风信子

1. 形态特征及习性

风信子别名洋水仙、五色水仙等，为百合科、风信子属多年生草本。鳞茎球形或扁球形，外被有光泽的膜质外皮，其色常与花色有关，有蓝紫、粉或白色。叶片基生，4～6枚，带状披针形，先端圆钝，质地肥厚，绿色有光泽。花茎高20～45厘米，略高于叶，中空，总状花序密生其上部，具小花6～20朵。小花斜伸或下倾，漏斗形，基部稍膨大，裂片端向外反卷，花有紫、白、红、黄、粉、蓝等色，还有重瓣、大花、早花和多倍体等品种蒴果球形（图4-13）。

风信子喜冬季温暖湿润、夏季凉爽稍干燥、阳光充足或半阴的环境。喜肥，宜肥沃、排水良好的沙壤土，忌过湿或黏重的土壤。风信子鳞茎有夏季休眠习性，秋冬生根，早春萌发新芽，自然花期4～5月。

图4-13 风信子形态

2. 用途

风信子为春季重要球根花卉,花期早,花色明丽,植株低矮整齐,宜作花坛、花境、花丛,也可在疏林边、草坪边自然或成片种植,亦可作切花、盆栽观赏(图4-14)。

图4-14 风信子用途

3. 繁殖

风信子可采用分球法和播种法繁殖,以分球法为主。秋季栽植前将母球周围自然分生的子球分离，另行栽植。分球不宜采收后立即进行，以免分离后留下的伤口于夏季储藏时腐烂。对于自然分生子球少的品种可人工切割处理，即将鳞茎盘切割成放射形的切口，晾晒1～2小时，然后平放于室内晾干，以后从鳞茎盘切伤部位逐渐分化出许多小球，9～10月即可取下进行栽植。培育新品种时，可用播种法繁殖，但实生苗培育4～5年才能开花。

4. 栽培管理

风信子可以露地栽培，也可盆栽，还可水养。

（1）**露地栽培** 应施足底肥，畦栽、沟栽均可，覆土厚度为球高的2倍左右，栽后适当浇水，冬季适当覆盖，以保证种球安全越冬、根系发育良好、第二年开花繁茂。开花前后各施追肥1次，花前肥，可促进开花；花后肥能促进鳞茎膨大和多分生子球。初夏地上部枯黄后，挖出鳞茎，阴干后储藏于冷凉环境中。

（2）**盆栽** 应选择肥大、充实的鳞茎，选择排水好的疏松土壤，施足基肥，于9月末将鳞茎种入盆内，每小盆种1球，大盆种3～4球，然后盖土，栽植深度5～8厘米，栽后要保持土壤湿润，同时要注意增施磷、钾肥。在有阳光的条件下养护，至11月气温下降时移入室内，室温保持5～10℃，促使根系发育良好。以后温度逐渐升高，促使地上部生长，待叶片长至一定高度时，进一步提高温度，并给予足够的光照，使茎叶苗壮、丰满，花多而鲜艳。经过120天左右即可开花，开花前、后各施肥1次。6月植株枯萎后挖出鳞茎，晾干后储藏于温度不超过28℃的室内。

（3）**水养** 即用特制的玻璃瓶栽培，可在12月将鳞茎放在阔口有格的玻璃瓶上面，加入少许木炭以帮助消毒和防腐。瓶内装水，放入鳞茎，不使其漏空隙，亦不使鳞茎下部接触水面。然后将瓶放置黑暗处令其发根，1个月后发出许多白根并开始抽花葶，此时把瓶移到有光照处，初时每天照一两小时，再逐步增至七八小时，如果天气变化不大的话，到春节便有可能开花了。水养期间，每3～4天换1次水。

风信子栽培的要点如下。

① 种球选择。风信子开花所需养分，主要靠鳞茎叶中储存的养分供给，只有选择表皮无损伤、肉质鳞片不过分皱缩、较坚硬而沉重饱满的种球，才能开出丰硕美丽的花。

② 土壤要求。要求土壤肥沃、有机质含量高、团粒结构好、pH值6～7的水平，可按腐叶土5：园土3：粗沙1.5：骨粉0.5的比例配制培养土。在栽种前，可用福尔马林等化学药剂进行土壤消毒，在土温10～15℃的情况下，在土壤表面施药后立即覆盖薄膜，温暖天气持续3天后，撤去薄膜，晾置1天后进行栽种，保持土壤湿润。

③ 光照。风信子只需5000勒克斯以上，就可保持正常生理活动。光照过弱，会导致植株瘦弱、茎过长、花苞小、花早谢、叶发黄等情况发生，可用白炽灯在1米左右处补光；但光照过强也会引起叶片和花瓣灼伤或花期缩短。

④ 温湿度调节。日平均温度维持在17～25℃范围内，日平均温度越高，到开花所需时间越短。但温度过高，甚至高于35℃时，会出现花芽分化受抑制、畸形生长、盲花率增高的现象；温度过低，又会使花芽受到冻害。土壤湿度应保持在60%～70%之间，过高，根系呼吸受抑制易腐烂，过低，则地上部分萎蔫，甚至死亡。空气湿度应保持在80%左右，并可通过喷雾、地面洒水增加湿度，也可用通风换气等办法，降低湿度。

（4）储藏　栽培后期应节制肥水，避免鳞茎"裂底"而腐烂。及时采收鳞茎，过早采收，生长不充实，过迟常遇雨季，土壤太湿，鳞茎不能充分阴干而不耐储藏。储藏环境必须保持干燥凉爽，将鳞茎分层摊放以利通风。鳞茎不宜留土中越夏，每年必须挖起储藏。

（5）病虫害防治　风信子的主要病害有叶斑病，由鳞茎带毒传病，感病后，沿叶脉产生黄绿色的纵条斑，严重时叶片枯萎。防治方法为拔除病株并销毁。

菌核病由鳞茎侵入，叶上发生黄色浅条斑或圆形病斑，受害部分产生浅蓝色霉点，表面上有小型黑色菌核。预防菌核病，应选健壮充实的大球栽植。若已发病，应拔除病株，还可在发病初期喷施50%的托布津可湿性粉剂500倍液，或50%多菌灵可湿性粉剂600倍液防治。

　　白腐病在开花前侵入茎、叶及鳞茎，使之变成水浸状并腐败软化。预防白腐病应避免连作，进行土壤消毒，并注意不使鳞茎受伤。

　　总之，风信子的病害防治应以加强管理为基础，以积极预防、综合防治为原则。由于风信子在温室中生长期较短，种植前要对基质严格消毒，种球精选并作消毒处理，生长期间每7天喷1次1000倍退菌特或百菌清，交替使用，可以在一定程度上抑制病菌的传播。严格控制浇水量，加强通风管理，控制环境中空气相对湿度，出现病株及时拔除，可以大幅度降低发病率。

八、天门冬

1. 形态特征及习性

　　天门冬别名天冬草、刺文竹、武竹、玉竹，为百合科、天门冬属多年生蔓生常绿草本花卉。原产南非，现我国各地有栽培。

　　天门冬茎基部木质化，丛生，柔软下垂，细长多分枝，下部有刺。小枝十字状对生，棱形，有3～5个沟。叶退化为细小鳞片状或刺状，黄绿色扁平，3～4枚轮生。夏季开花，花小，白色或淡红色，2～3个丛生，有香气。浆果鲜红色、圆形，很美丽，种子黑色（图4-15）。

图4-15　天门冬形态

天门冬喜温暖湿润、半阴半阳的环境，盛夏忌烈日曝晒和干旱，不耐寒。喜疏松、排水良好、肥沃的黏质或沙质壤土。生长适宜温度为15～25℃，越冬温度为5℃。

2. 用途

天门冬株形美观、四季青翠、枝叶繁茂，常作室内盆栽观赏，也是布置会场、花坛的边饰材料和切花的理想陪衬材料。

天门冬的块根是常用的中药，味甘、苦，大寒，归肺、肾经。上清肺热而润燥，下滋肾阴而降火。

3. 繁殖

（1）**播种繁殖**　天门冬春季播种，采下的果实用水浸泡搓去果皮，晾干，均匀点播于装有沙或素土的浅盆内，土温在15℃以上，1个月左右发芽出土。苗长到10厘米时，分株装小盆，盆土用轻松培养土，上盆缓苗后进行正常抚育管理。

（2）**分株繁殖**　结合春季和秋季换盆进行，将植株从盆中扣出，根据植株大小以3～5个芽一丛为标准分割成数株上盆栽植，浇透水后放于荫蔽处养护。盆栽培养土可用腐叶土。盛夏要适当遮阴，避免曝晒，4、5月或9、10月根系伸展到盆边时要换盆。

4. 栽培管理

（1）肥水管理　在夏季气温高时，浇水应适当多些，但不能过湿，更不能积水，以免水多烂根。冬季宜保持盆土不干，盆土过干，根系吸收水分受阻。因此，盆土过干过湿都能引起茎叶发黄。成株盆栽用土，排水要好，生长季节一般每半月施1次腐熟的稀薄液肥。

（2）光照温度　天门冬既喜阳，又忌烈日直晒，光线过强叶易焦黄。在半阴的环境下栽培，叶才能鲜绿而有光泽，但如果长期放置在室内阴暗处，见不到光线，茎叶也易变枯黄，所以每隔一段时间就应把花盆移到光照处，使其复壮后再放回散射光处。

（3）病虫害防治　红蜘蛛喷0.2～0.3波美度石硫合剂或用25%

杀虫脒水剂500～1000倍液喷雾，每周1次，连续2～3次。蚜虫为害初期，可用40%乐果1000～1500倍稀释液或灭蚜灵1000～1500倍稀释液喷杀。天门冬根腐病发病时做好排水工作，在病株周围撒些生石灰粉。

九、大丽花

1. 形态特征及习性

大丽花别名天竺牡丹、西番莲、大丽菊、地瓜花等，为菊科、大丽花属的多年生草本花卉。地下部分具有粗大纺锤体状肉质块根，形似地瓜，故名地瓜花。株高因品种而异，为40～150厘米。茎中空，直立或横卧，叶对生，1～2回羽状分裂，小叶卵形，正面深绿色，背面灰绿色，具粗钝锯齿，总柄微带翅状。头状花序具总长梗，顶生或腋生，其大小、色彩及形状因品种不同而丰富多彩，外周为舌状花，一般中性或雌性，中央为筒状花，两性。总苞两轮，内轮薄膜质，鳞片状，外轮小，多呈叶状。花期夏季至秋季。瘦果，长椭圆形，黑色（图4-16）。

图4-16 大丽花形态

大丽花喜凉爽干燥，不耐严寒与酷热，喜阳光充足、通风良好的环境，且每年需要有一段低温时期进行休眠。忌积水又不耐干旱，以富含腐殖质的沙壤土为宜。喜阳光怕荫蔽，但花期宜避免阳光过强。大丽花为春植球根的短日照花卉，春天萌芽生长，夏末秋初气温渐凉、日照渐短时进行花芽分化并开花，直到秋末经霜后，地上部分凋萎而停止生长，冬季进入休眠，以其块根休眠越冬。短日照条件下促进开花和花芽发育；长日照条件下促进分枝，增加开花数量，但延迟花的形成。生长适温为 10 ～ 25℃。

2. 用途

大丽花花姿多变、花色艳丽、植株粗壮、叶片肥满，在花坛、花境或庭前丛栽皆宜，矮生品种盆栽可用于室内及会场布置，高杆品种可用作切花，其花朵是花篮、花束等的理想材料（图4-17）。

图4-17　大丽花用途

3. 繁殖

大丽花以分根和扦插繁殖为主，育种用种子繁殖。

（1）分根繁殖　常用分割块根法。大丽花仅块根的根颈部有芽，故要求分割后的块根上必须带有有芽的根颈。通常于每年2 ～ 3月间进行分根，取出储藏的块根，将每一块根及着生于根颈上的芽一起切割下来，没有芽的不能栽植。若根颈上发芽点不明显或不易辨认，需先催芽，即将储藏的块根取出排列于温床内，然后壅土、浇水，白天室温保持在18～20℃，夜间15～18℃，2周发芽，即可取出分割，每一块根带1～2个芽，每墩块根可分割5～6株，在切口处涂抹草木灰以防腐烂，然后分栽。

（2）**扦插繁殖**　一年四季均可进行，但一般于早春进行。2～3月间，将根丛在温室内囤苗催芽，即根丛上覆盖沙土或腐叶土，每天浇水并保持室温，白天18～20℃，夜晚15～18℃，待新芽高至6～7厘米，新芽基部一对叶片展开时，即可从基部剥取扦插。也可留新芽基部一节以上取，以后随生长再取腋芽处的嫩芽，这样可获得更多的插穗。春插苗经夏秋充分生长，当年即可开花。6～8月初可自生长植株取芽行夏插，但成活率不及春插，9～10月扦插成活率低于春季，但比夏插要高。插壤以沙质壤土加少量腐叶土或泥炭为宜。

（3）**播种繁殖**　培育新品种及矮生系统的花坛品种，多用种子繁殖。夏季多因湿热而结实不良，故种子多采自秋凉后成熟者，并且又以外侧2～3轮筒状花结实最为饱满，愈向中心的筒状花，结实愈困难。垂瓣品种不易获得种子，要进行人工辅助授粉，授粉宜在午前9～10时进行，经1个月左右种子成熟，若在成熟之前遇严重霜冻，便丧失发芽力，因此应在霜冻前切取，置于向阳通风处，吊挂催熟。播种一般于播种箱内进行，20℃左右，4～5天即萌芽出土，待真叶长出后再分植，1～2年后开花。

4. 栽培管理

（1）苗期管理

　　① 水。苗期浇水要适当控制，不宜过多，以防徒长。冬季阴雨天，蒸发量少，应少浇水，或一次浇透，待表土较干后再浇。晴天或干热夏季，蒸发量大，每天除浇水外，还需喷水1～2次。

　　② 温度与通风。苗期最适的生长温度是日温22～28℃，夜间12～16℃。白天暖和，夜间凉爽有利于大丽花的生长发育。为了保证幼苗生长健壮和坚韧，必须防止幼苗徒长，白天应适当加强通风。

（2）露地栽培　宜选通风向阳、地势高燥之地，充分耕翻，施入适量基肥后做成高畦以利排水。栽植时期因地而异，华北地区于5月间种植，种子深度以使根颈的芽眼低于土面6～10厘米为度，随新芽的生长而逐渐覆土至地平。栽时即可埋设立柱，避免以后插入误伤块根。株距以品种而定，高大品种120～150厘米，中高品种60～100厘米，矮小品种40～60厘米。生长期间应注意整枝修剪及摘蕾等工作。整枝方式基本上有两种：一是不摘心的单干培养法，即独本大丽花培育法，保留主枝的顶芽继续生长，除靠近顶芽的两个侧芽留存作为以防顶芽受损的替补芽外，其余各侧芽均自小就除去，促使花蕾健壮生长，使花朵硕大，此法适用于特大的大花品种。另一方法是摘心多枝培养法，即多本大丽花培养法。当主枝生长至15～20厘米时，自2～4节处摘心，促使侧枝生长开花。全株保留侧枝数根据品种而定，一般小、中花品种留8～10枝，大花品种留4～6枝。每侧枝保留1朵花，开花后各枝保留基部1～2节再剪除，使叶腋处发生的侧枝再继续生长开花。

大丽花各枝的顶蕾下常同时发生两个侧蕾，为避免意外损伤，可在顶、侧蕾长至黄豆粒大小时，选其中两个饱满者保留，其余剥去，再待花蕾发育较大时，从中选择健壮的1个花蕾，留作开放花朵。

大丽花茎高而多汁柔嫩，要设立支柱，以防风折。浇水要掌握干透再浇的原则，夏季连续阴天后突然暴晴，应及时向地面和叶片喷洒清水来降温，否则叶片将发生焦边和枯黄。伏天无雨时，除每天浇水外，也应喷水降温。显蕾后每隔10天施1次液肥，直到花蕾透色为止。霜冻前留10～15厘米根颈，剪去枝叶，掘起块根，就地晾1～2天，即可堆放室内以干沙储藏。储藏室温5℃左右。

（3）盆栽　盆栽大丽花生长好坏的关键，在于加强对植株盆土的管理，并给予充分的光照，勤施水、肥，及时进行整形和修剪等的管理。

① 加强对盆土的管理。大丽花的肉质块根在土壤中含水量过多而空气通透性不良时即腐烂。因此应选疏松、富含腐殖质和排水性良

好的沙壤土，板结土壤容易引起渍水烂根，不能用。日常管理应及时松土，排出盆中渍水。

② 光照。大丽花喜光不耐阴，若长期放置在荫蔽处，则生长不良、根系衰弱、叶薄茎细、花小色淡，甚至有的不能开花。因此，盆栽大丽花应放在阳光充足的地方。每日光照要求在6小时以上，这样才能使植株茁壮，花朵硕大而丰满。

③ 勤浇水。大丽花喜水但忌积水，既怕涝又怕干旱，这是因为大丽花具肉质块根，浇水过多根部易腐烂。但大丽花枝叶繁茂、蒸发量大，又需要较多的水分，如果因缺水萎蔫后没能及时补充水分，再受阳光照射，轻者叶片边缘枯焦，重者基部叶片脱落。因此，浇水要掌握"干透浇透"的原则，一般生长前期的小苗阶段，需水分有限，晴天可每日浇1次，保持土壤稍湿润为度，太干太湿均不合适，生长后期，枝叶茂盛，消耗水分较多，晴天或吹北风的天气，注意中午或傍晚容易缺水，应适当增加浇水量。

④ 适当施肥。大丽花是一种喜肥花卉，从幼苗开始一般每天10～15天追施1次稀薄液肥。现蕾后每7～10天施1次。到花蕾透色时即应停浇肥水。气温高时也不宜施肥。施肥量的多少要根据植株生长情况而定。

⑤ 整形和修剪。盆栽大丽花的整枝，要根据品种灵活掌握。一般大型品种采用独本整形，中型品种采用4本整形。

⑥ 插杆扶株。大丽花的茎既空又脆，容易被风吹倒折断，应及时插竹扶持，插竹还可以避免枝条生长弯曲，提高盆栽观赏价值。当植株长高至30厘米以上时，应在每一枝条旁边插一小竹竿，并用麻皮丝（或细线绳）绑扎固定。随着植株越长越高，还应及时换上更长的竹竿，最后插的竹竿要顶在花蕾的下部。

⑦ 保护植株安全越冬。大丽花不耐寒，11月间，当枝叶枯萎后，要将地上部分剪除，搬进室内，原盆保存。也可将块根取出晾1～2天后，埋在室内微带潮气的沙土中，温度不超过5℃，翌年春季再行上盆栽植。

（4）采收储藏　为避免大丽花块根受霜害，应于霜前或轻霜后掘出块根。露地栽培的大丽花掘前4～8天，不要浇水，使土壤松干。掘前将植株留6～10厘米，剪去其余部分。掘取时要注意勿伤块根，不可弄断根颈。掘出后将宿土轻轻去掉，放在露天晾晒，要防止霜冻，晾干后即可收于室内。盆栽植株的取块根方法与地栽大致相同，只是在掘取前1～2天才停止浇水。

储藏时可将块根置于花盆或木箱中，每放一层，用一层微潮的沙土隔开，最后在上面封一层沙土，放在干燥、温度在0～5℃的阴暗处。盆栽大丽花也可剪去茎叶，带盆置于低温潮湿的地方。

冬季储藏期间要经常检查，若发现沙土过干，不要直接浇水，可将沙土外块根分开，给沙土略洒水，并搅拌均匀，再将块根埋好。如发现腐烂块根，要及时剔除。

（5）病虫害防治

① 大丽花白粉病。9～11月发病严重，高温高湿会助长病害发生。被害后植株矮小，叶面凹凸不平或卷曲，嫩梢发育畸形。花芽被害后不能开花或只能开出畸形的花。病害严重时可使叶片干枯，甚至整株死亡。防治方法如下。

a. 加强养护，使植株生长健壮，提高抗病能力。控制浇水，增施磷肥。

b. 发病时，及时摘除病叶，并用50%代森铵水溶液800倍液或70%托布津1000倍液进行喷雾防治。

② 大丽花花腐病。多发生在盛花至落花期内，土壤湿度偏大、地温偏高时，有利于病害的发生。花瓣受害时，病斑初为褪绿色斑，后变黄褐色，病斑扩展后呈不规则状，黄褐色至灰褐色。防治方法如下。

a. 植株间要加强通风透光，后期，水、氮肥都不能使用过多，要增施磷、钾肥。

b. 蕾期后，可用0.5%波尔多液或70%托布津1500倍液喷洒，每7～10天1次，有较好的防治效果。

③ 大丽花癌肿病。多发生在大丽花主茎基部，形成肿瘤，受害植株初期呈现生长缓慢、叶小，叶片由绿变黄、萎蔫，肿瘤逐渐腐

朽，使其根颈部分腐烂，生长停滞，直至全株死亡。防治方法：可用甲醇、冰醋酸、碘片4：2：1混合液，涂在癌面及周围1～2厘米处，或用二硝基钾酚钠、木醇1：4溶液涂抹。

大丽花虫害主要有红蜘蛛、蚜虫和金龟子类等。

十、唐菖蒲

1. 形态特征及习性

唐菖蒲别名剑兰、扁竹莲、十样锦、菖蒲，为鸢尾科唐菖蒲属多年生球根类花卉。地下部具球茎，扁球形，具环状节，外被膜质鳞片。株高80～170厘米，茎粗壮而直立，无分枝或稀有分枝。叶6～9片，剑形，嵌叠为二列状，抱茎互生。蝎尾状聚伞花序顶生，着花8～24朵，通常排成二列，侧向一边，少数为四面着花，每朵花生于草质佛焰苞内，无梗。花朵硕大，左右对称，花冠筒漏斗状，色彩丰富，有白、黄、粉、红、紫、蓝等深浅不一的单色或复色，或具斑点、条纹，或呈波状。蒴果。种子扁平有翼。花期夏秋（图4-18）。

唐菖蒲喜温暖，并具一定耐寒性，不耐高温，尤忌闷热，以冬季温暖、夏季凉爽的气候最为适宜。生长临界低温为3℃，4～5℃时，球茎即可萌动生长。生长适温，白天为20～25℃，夜间为10～15℃。一年中只要有4～5个月时间适宜生长的地区，均可栽培。在我国通常作春植球根栽培，夏季开花，冬季休眠，休眠期一般为30～90天。唐菖蒲性喜深厚肥沃且排水良好的沙质壤土，不宜在黏重土壤或低洼积水处生长，土壤pH值以5.6～6.5为佳，要求阳光充足。唐菖蒲属长日照花卉，在长日照下有利于花芽分化，而短日照下则促进开花。唐菖蒲的球茎寿命为1年，每年进行1次更新，在新球产生的同时形成子球，新球、子球在母球干缩死亡后与母球自然分离。

图4-18　唐菖蒲形态

2. 用途

唐菖蒲为世界著名的切花之一，可作花篮、花束、瓶插等，也可布置花境及专类花坛。矮生品种可盆栽观赏（图4-19）。

图4-19　唐菖蒲用途

3. 繁殖

唐菖蒲的繁殖以分球为主，亦可采用切球、播种、组织培养等方法繁殖。

（1）分球法　将母球上自然分生的新球和子球取下来，另行种植。通常新球翌年可正常开花，子球需培养1～2年才能达到所需标准，用于培养切花。

（2）切球法　为加速繁殖，将种球纵切成几部分，但每部分必须带1个以上的芽和部分茎盘。注意切口部分应用草木灰涂抹以防腐烂，待切口干燥后再种植。

（3）播种法　培育新品种和复壮老品种时常用此法。一般在夏秋种子成熟采收后，立即进行盆播，发芽率较高。冬季将播种苗转入温室培养（或秋季直接在温室播种），翌年春天分栽于露地，夏季就可有部分植株开花。

（4）组织培养法　用花茎或球茎上的侧芽作为外植体进行组织培养，可获得无菌球茎。可用组培方法进行唐菖蒲的脱毒、复壮繁殖。

4. 栽培管理

（1）整地作畦　唐菖蒲切花生产适宜选择四周空旷，无障碍物遮阴，无氟污染，光线充足，地势高爽的田地种植。栽植前应深翻地40厘米，施入腐熟有机肥并进行杀虫杀菌处理。大面积切花栽植，通常用畦栽或沟栽。避免连作。

（2）种球处理　种球在栽植前最好进行消毒及催芽处理，把球茎按规格分开，以2.5～5厘米的球用于切花最好，先除去皮膜和老根盘，浸入清水中，5分钟后再浸入50%的多菌灵500倍液浸泡50分钟，或用0.3%～0.5%的高锰酸钾浸泡1小时，在20℃左右条件下遮光催新根及幼芽，当有根露出和芽生长时可以栽植。

（3）定植　种植株距为10～20厘米，行距为30～40厘米，根据球大小及垄宽灵活安排，种植深度为5～12厘米，根据球茎大小、土壤质地及气温而改变。种植后及时浇水，待出芽后控2周水，以利于根系生长。

（4）环境调控　在有保温设施的条件下进行栽培时，应注意保持空气清新、干燥通风，尤其在花芽分化及花序生长时更为重要。苗期温度应保持在10～15℃，以后随植株生长应加温至20～25℃，夜间应相应低些。必须保持阳光充足及每天14小时的日照，日照不足时，应另行人工照明，否则易出现盲花现象。

（5）肥水管理　生长期，尤其在栽植4～6周后，要追肥，在生出3～4片叶前施营养生长肥，3～4片叶后花芽分化期，除了地下浇肥水外，还应喷叶肥。花期不施肥，花后应施磷、钾肥，促进新球生长。

（6）采收保鲜　唐菖蒲的采收最适时期为穗基部有1～3朵小花显露颜色、欲放未放时。过早剪切，植株自身糖分低，影响切花质量，致使全株小花不能从下而上全部开放；过迟，花已开放，影响储藏运输，也影响观赏寿命。一天中，以上午10时前采切为宜。为了养球，切后要保留3～4片完好叶片。剪取后剥除花枝基部叶片，按花色和等级标准进行分级包装，10枝或12枝一束。通常花枝70厘米以上，小花不少于12朵才可定级，花束存放在4～6℃条件下，切口浸吸保鲜液，注意不能用单侧光照射太长时间，以免引起花枝弯曲。

（7）病虫害防治　唐菖蒲夏季遇高温多湿，易患立枯病，可用硫酸铜1千克，加水500～1000千克喷施，还应注意避免垂花。球茎病害较为严重，因此球茎消毒是一项重要措施，方法是去除球茎皮膜，浸入清水中15分钟，再浸入80倍福尔马林液30分钟或0.2%代森铵10分钟，再用清水冲洗后栽植。若发现有线虫危害时，应将种球掘起烧毁，除作土壤消毒外，亦必须进行轮作。

十一、仙客来

1. 形态特征及习性

仙客来别名萝卜海棠、兔耳花、一品冠，为报春花科、仙客来属多年生草本花卉。块茎扁圆球形或球形、肉质。叶片由块茎顶部生出，心形、卵形或肾形，叶缘有细锯齿，叶面绿色，具有白色或灰色晕斑，叶背绿色或暗红色，叶柄较长，红褐色，肉质。花单生于花茎顶部，花朵下垂，花梗长15～25厘米，肉质，自叶腋处抽生，花瓣向上反卷，犹如兔耳；花有白、粉、玫红、大红、紫红、雪青等色，基部常具深红色斑；花瓣边缘多样，有全缘、缺刻、皱褶和波浪等形；受精后花梗下弯。蒴果球形，种子褐色（图4-20）。

图4-20 仙客来形态

仙客来性喜凉爽、湿润及阳光充足的环境。生长和花芽分化的适温为15～20℃，湿度70%～75%。冬季花期温度不得低于10℃，若温度过低，则花色暗淡，且易凋落；夏季温度若达到28～30℃，则植株休眠，若达到35℃以上，则块茎易于腐烂。幼苗较老株耐热性稍强。为中日照花卉，生长季节的适宜光照强度为28000勒克斯，低于1500勒克斯或高于45000勒克斯，则光合强度明显下降。要求疏松、肥沃、富含腐殖质、排水良好的微酸性沙壤土。花期10月至翌年4月。

2. 用途

仙客来花形别致、娇艳夺目、烂漫多姿、观赏价值很高，有的品种有香气，深受人们喜爱，是冬春季节名贵盆花，也是世界花卉市场上最重要的盆栽花卉之一。仙客来花期长，可达5个月，花期适逢圣诞节、元旦、春节等传统节日，市场需求量巨大，生产价值高，经济效益显著。常用于室内花卉布置，摆放花架、案头，点缀会议室和餐厅等，并适作切花，水养持久（图4-21）。

图4-21　仙客来用途

3. 繁殖

仙客来可用播种、分割块茎及组织培养方法繁殖。

（1）播种繁殖　仙客来种子较大，一般发芽率为85%～95%，但发芽迟缓、出苗不齐。为提早发芽期，促使发芽整齐，播前要进行浸种催芽。即用冷水浸种一昼夜或30℃温水浸泡2～3小时，然后清洗掉种子表面的黏着物，包在湿布中催芽，保持温度25℃，放置1～2天，待种子稍微萌动即可取出播种。播种用土以壤土、腐叶土及河沙等量混合。以1.5～2厘米的距离点播于浅盆或浅箱中，覆土厚度0.5～1厘米。用盆浸法浸透水，上盖玻璃，置于18～20℃的地方30～40天发芽，发芽后及时除去玻璃，放于向阳及通风的地方。

（2）分割块茎繁殖　在8月下旬块茎即将萌动时，将块茎自顶部纵切分成几块。每块应带有芽眼，切口涂以草木灰，稍微晾干后，即可分植于花盆内，精心管理，不久即可展叶开花。

4. 栽培管理

现在仙客来的播种时间一般都集中在12月至翌年3月之间。种植者如果希望养大一点的株形，或者想提前上市，就要考虑早一点播种。

（1）**盆栽**　播种苗长出1片真叶时，进行第一次分苗，以株距3.5厘米移入浅盆中，盆土为腐叶土、壤土、河沙以5：3：2的比例混合。栽植时应使小球顶部与土面相平，不要埋得过深，否则会降低植株的抗性，同时还会延迟花期；也不能埋得太浅，过浅将会使植株的主根不能正常下扎，同时植株也缺乏稳定性。栽后浸透水，并遮去强烈日光。当幼苗恢复生长时，逐渐给予光照，加强通风，勿使盆土干燥，保持15～18℃。适当追施氮肥，注意勿使肥水沾污叶面，以免引起叶片腐烂。施肥后洒1次清水，以保持叶片清洁。当小苗长到3～5片叶时，移入10厘米盆中，此时盆土配合比例为腐叶土3、壤土2、河沙1，并施入腐熟饼肥和骨粉作基肥。3～4月后气温逐渐升高，植株发叶增多，生长渐旺，对肥水需要量增加，应加强肥水管理，保持盆土湿润并加强通风，遮去午间强烈日光，尽量保持低的温度，防淋雨水及盆土过湿，以免球根腐烂。常置于户外加有防雨设备的荫棚中栽培。9月定植于直径20厘米的盆中，球根可露出土面1/3左右栽植。盆土同前，但应增施基肥。追肥应多施磷、钾肥，以促进花蕾发生。11月花蕾出现后，停止追肥，给予充足的光照，12月初花，至翌年2月可达盛花期，即从播种到开花需13～15个月。

（2）**温度光照**　仙客来性喜凉爽湿润气候，最适宜生长的温度为15～20℃。温度超过30℃时，易落叶并进入休眠状态；超过35℃时，易受热腐烂，甚至死亡。仙客来安全度夏是管理上的一个关键问题。

　　仙客来为低温球根花卉，最怕炎热的夏天，尤以老球为甚。新球虽抗性较强，但在炎热气候条件下，也会停止生长，呈半休眠状态。故在盛夏来临之前，当年生新植株宜放在阴凉通风而又避雨的地方，接受部分光照，中午往遮阴物上面和地面洒水，降低温度。对多年生老株，夏季宜将其放在朝北的阳台、窗台或有遮阴的屋檐下，天气炎热时，经常向地面洒水，以降温增湿，但盆土不宜过湿。

（3）**浇水施肥** 开花的仙客来，入夏气温升高后，叶片会逐渐枯萎黄化，这时应减少浇水，使球茎转入休眠状态。待叶片枯萎、盆土干燥后，置于通风遮阴处，但不能使盆土过于干燥，否则会使种球干瘪死亡。对当年生新株，在6月以后应停止施肥，节制浇水，待天气转凉后，再增加水肥，促使块茎和叶片生长。若是春节前播种的实生苗，一般当年即可开花。

对多年生老株，入夏后至6月初，逐步减少浇水，停止施肥。待9月初天气转凉后，稍微多浇些水，使盆土略湿润，这时块茎逐渐萌发新芽，待新芽长到3厘米高时，进行翻盆换土。加强肥水管理，使其多见阳光，利于花芽形成，待春节前后，即可陆续开花。

（4）**病虫害防治**

① 灰霉病。叶片、叶柄、花器官上均可发生，引起叶片褐色干枯，叶柄与花水渍状干枯。发病初期可用1：1：200的波尔多液防治。

② 仙客来炭疽病。主要为害叶片，使叶片产生圆形斑点。可用50%的多菌灵或托布津500倍液防治。

③ 仙客来细菌性软腐病。发病初期，叶柄与花梗的近地面处呈水渍状，进而腐烂，波及块茎。发病初期，可以1000单位的农用链霉素防治。

④ 仙客来孢囊线虫病。是由孢囊线虫寄生引起，侵入根部而形成根瘤。被害植株生长衰弱，下部叶片变黄倒伏，甚至全株枯死。防治方法：进行土壤消毒；发现病株及时烧掉；用50℃热水浸泡10分钟，可杀死线虫。

⑤ 虫害。常见有蚜虫危害，使叶片卷缩，叶柄弯曲，生长停止，花不能开放。可用鱼藤精1000倍液或乐果稀释2000倍液喷杀。

十二、马蹄莲

1. 形态特征及习性

马蹄莲别名水芋、观音莲，为天南星科球根花卉。具肥大肉质块茎，褐色，在块茎节上，向上长茎叶，向下生根。叶基生，具长柄，叶柄一般为叶长的2倍，上部具棱，下部呈鞘状折叠抱茎；叶箭形或戟形，先端锐尖，全缘，鲜绿色有光泽。花梗大体与叶等长，花梗顶端着生一肉穗花序，外围白色的佛焰苞，呈短漏斗状，喉部张开，先端长尖，反卷；肉穗花序圆柱形、黄色，包藏于佛焰苞内，花序上部生雄蕊，下部生雌蕊。果实为浆果，包在佛焰苞内（图4-22）。

图4-22　马蹄莲形态

马蹄莲性喜温暖气候，不耐寒，不耐高温，生长适温为20℃左右，温度不宜低于10℃，0℃时根茎就会受冻死亡。冬季需要充足的日照，光线不足则着花少。稍耐阴，夏季阳光过于强烈灼热时适当进行遮阴。喜疏松肥沃、腐殖质丰富的沙质壤土。自然花期从11月到翌年6月，整个花期达6～7个月。其休眠期随地区不同而异。在我国长江流域及北方栽培，冬季宜移入温室。冬春开花，夏季因高温干旱而休眠，而在冬季不冷、夏季不干热的亚热带地区全年不休眠。

2. 用途

马蹄莲花、叶俱佳，是重要的切花花卉，是瓶插、做花束和花篮的好材料。可盆栽作室内观赏（图4-23）。

3. 繁殖

马蹄莲以分球繁殖为主。花后植株进入休眠期后，剥下块茎四周的小球，另行栽植。培养1年，翌年便可开花。也可播种繁殖，种子成熟后即行盆播，发芽适温20℃左右。

图4-23　马蹄莲用途

4. 栽培管理

马蹄莲适宜8月下旬至9月上旬栽植，地栽时用作切花生产，将健壮根茎3个一组栽于肥沃田中，元旦左右即能开花供应市场。盆栽大球2～3个，小球1～2个，盆土可用园土加有机肥。

（1）光照温度　栽后置半阴处，出芽后置阳光下，待霜降移入温室，室温保持10度以上。

（2）施肥　每半月追施液肥1次。开花前宜施以磷肥为主的肥料，以控制茎叶生长，促进花芽分化，保证花的质量。施肥时切勿使肥水流入叶柄内，以免引起腐烂。

（3）浇水　生长期间要经常保持盆土湿润，经常向叶面、地面洒水，以增加空气湿度。5月下旬天热后植株开始枯黄，应渐停浇水，适度遮阴，预防积水。盆栽应移至通风、半阴处，使盆侧放，免积雨水，以保干燥，促其休眠。叶子全部枯黄后可取出球根，晾干后储藏于通风阴凉处。

（4）摘叶促花　生长期间若叶片过多，可将外部少数老叶摘除，以利花梗抽出，2～5月是开花繁茂期。秋季栽植前将球根底部衰老部分削去后重新栽培。大球开花，小球则可养苗。

（5）病虫害防治　马蹄莲主要病害是软腐病，危害叶柄、叶和块茎。防治方法有拔除病株，用200倍福尔马林对栽植穴进行消毒；尽量避免连作；及时排涝；空气流通；发病时喷洒波尔多液。虫害主要是红蜘蛛，可用三硫磷3000倍液防治。

十三、大岩桐

1. 形态特征及习性

大岩桐为苦苣苔科球根花卉。块茎扁球形，地上茎极短，株高12～25厘米，全株密布白色绒毛。叶对生，肥厚而大，长椭圆状卵形或长椭圆形，边缘有钝锯齿；叶背稍带红色。花梗比叶长，花顶生或腋生，花冠钟状，先端浑圆，5～6浅裂，色彩丰富，有粉红、红、紫蓝、白、复色等色。蒴果，种子褐色，细小而多（图4-24）。

图4-24　大岩桐形态

大岩桐生长期喜高温、潮湿，忌阳光直射，通风不宜过分，保持较高的空气湿度。生长期要求空气湿度大，不喜大水，避免雨水侵入。冬季休眠期则需保持干燥，温度8～10℃，如湿度过大或温度过低，块茎易腐烂。在照度为5000～6000勒克斯时，即可正常生长发育。喜肥沃疏松、排水良好的腐殖质土壤。

2. 用途

大岩桐花朵姹紫嫣红，花朵大、花期长，叶茂盛翠绿，有蓝、白、红、紫和重瓣、双色等品种，是深受人们喜爱的温室盆栽花卉。每年春秋两次开花，是节日点缀和装饰室内及窗台的理想盆花。宜布置于窗台、几案、会议桌或花架上。控制花期，可使其在五一和十一节日期间开放，作为节日室内的优美布置材料（图4-25）。

图4-25　大岩桐用途

3. 繁殖

大岩桐主要用播种法繁殖，也可用扦插和分球等方法来进行繁殖。

（1）**播种法**　是最常用的繁殖方法，在温室中全年均可进行，但以10～12月播种最好。大岩桐大都自花不孕，因为它的雌蕊柱头高于花药，且雄蕊早熟，故自花传粉难以孕育。为了取得优良种子，必须进行人工辅助授粉。方法是在开花盛期将雄蕊的花粉采下，用毛笔轻轻涂在雌蕊的柱头上。授粉后30～40天种子成熟，剥离种子晾晒后储藏，随时都可播种。种子细小，播种不宜过密，播后将盆置浅水中浸透后取出，盆面盖玻璃，置半阴处。温度在20～22℃时，约2周出苗，苗期避免强光直晒，经常喷雾，一般从播种到开花约需18周，即秋播后翌年4～5月开花，春播于7～8月开花。

（2）**分球法**　多于老块茎休眠后，新芽生出时进行，依新芽数目，用刀将块茎分切为数块，每块上须带有一个芽，待切口干燥或涂以草木灰后栽植，每块栽植一盆，初栽后不可施肥，也不可浇水过多，以免切口腐烂。分球法形成的块茎不整齐。

（3）**扦插法**　可采用芽插和叶插。块茎栽植后常发生数枚新芽，当芽长4厘米时，选留1～2个芽生长开花，其余的均可取之扦插。保持21～24℃的温度，并维持较高的空气湿度和半阴的条件，3周后生根。芽插在春季种球萌发新芽长至4～6厘米时进行，将萌发出来的多余新芽从基部掰下，插于沙床中，并保持一定的湿度，经过一段时间的培育，翌年6～7月开花。叶插在温室中全年都可进行，选用生长健壮、发育中期的叶片，连同叶柄从基部采下，将叶片剪去一半，将叶柄斜插入湿沙基质中，盖上玻璃并遮阴，保持室温25℃和较高的空气湿度，插后20天叶柄基部产生愈合组织，待长出小苗后移入小盆。当年只形成小球茎，休眠后再由球茎上发出新芽，经过一段时间的培养，翌年6～7月开花。

4. 栽培管理

（1）光照温度 大岩桐1～10月生长适温为18～22℃，10月至翌年1月生长适温为10～12℃。冬季休眠期若温度低于8℃、空气湿度又大，会引起块茎腐烂。大岩桐喜半阴环境，故生长期间要注意避免强烈的日光照射，在夏季，要放置在荫棚下有散射光且通风良好的地方养护，否则极易引起叶片枯萎。

（2）土肥水 盆栽大岩桐，常用腐叶土、粗沙和蛭石的混合基质。大岩桐较喜肥，从叶片伸展后到开花前，每隔10～15天应施稀薄的饼肥水1次。当花芽形成时，需增施1次骨粉或过磷酸钙。大岩桐叶面上生有许多丝绒般的绒毛，因此，施肥时不可沾污叶面，否则易引起叶片腐烂。供水应根据花盆干湿度每天浇1～2次水。

花期要注意避免雨淋，温度不宜过高，可延长观花期。开花后，若培养土肥沃加上管理得当，它又会抽出第二批蕾。花谢后如不留种，宜剪去花茎，有利于继续开花和块茎生长发育。

（3）病虫害防治 大岩桐常见病虫害有叶枯性线虫病，为害嫩茎、幼株，地际茎部和叶柄基部呈水浸状软化腐败，病部逐渐向上蔓延，从叶片基部扩展到叶片。防治方法：苗床用土和花盆用蒸汽消毒；或用二溴氯丙烷、氯化苦等消毒；块茎放入60℃的温水中浸5分钟；将被害植株拔除、烧掉或深埋。

第五章

常见木本花卉的栽培

花卉的茎、木质部发达，具有木质的花卉，叫作木本花卉。木本花卉主要包括乔木、灌木、藤本三种类型。

乔木花卉，主干和侧枝有明显的区别，植株高大，多数不适于盆栽，其中少数花卉如桂花、白兰、柑橘等亦可作盆栽。

灌木花卉，主干和侧枝没有明显的区别，呈丛生状态，植株低矮、树冠较小，其中多数适于盆栽，如月季花、贴梗海棠、栀子花、茉莉花等。

藤本花卉，枝条一般生长细弱，不能直立，通常为蔓生，如迎春花、金银花等。在栽培管理过程中，通常设置一定形式的支架，让藤条附着生长。

第一节　木本花卉的特点

（1）幼年期较长　木本花卉自播种到开花，需经过较长的幼年期，需经过一定时期的营养生长，达到某种生理状态，进入成熟期才可成花，未达到开花年龄的幼年植株，即使进行成花诱导，也不能进行花芽分化。

（2）休眠期较长　大部分木本花卉在夏秋高温季节进行花芽分

化，秋冬季进行较长时间的休眠，翌年春天进行花芽分化并开花。

（3）**成花与营养生长** 一旦达到开花年龄，在进行营养生长的同时也可进行生殖生长，进入成熟期后，只要环境适宜，则可年年开花。

（4）**花芽的着生部位** 花芽可以在枝条的顶端，也可在叶腋；可以是单纯的花芽，也可是混合芽。花芽分化与发育所需时间较草本花卉长出许多倍。

第二节 花木种子储藏

在木本花卉生产过程中，除了随采随播，还常要对花木种子进行储藏，以备翌年或种子歉收年用。如果储藏不当，极易造成种子失去生命力。根据种子的特性和储藏目的不同，储藏方法有两类。

（1）**干藏法** 把充分干燥的种子储藏在干燥的环境中。根据储藏设备和储藏时间的不同，干藏又可分为以下三种。

① 普通干藏。许多秋收春播的种子如栀子花、女贞、棕榈等均适用此法。先使种子干燥至安全含水量后，装入麻袋或瓷缸中，置于干燥、通风、低温的室内。为防止种子回潮，可在装种子的袋、缸四周放生石灰或其他干燥剂。

② 密封干藏。对种皮薄、易吸湿和需要长期储藏的种子，应使用密封储藏，即将种子充分晾晒，使其含水量在10%左右，冷却后装入缸、罐等容器用石蜡密封，必要时在容器内放生石灰等吸湿剂，置于低温干燥的环境保存。

③ 种子库储藏。将适于干藏的种子置于温度0℃左右、相对湿度50%以下的种子库中，保存期更长、效果更好，

（2）**湿藏法** 有些种子的安全含水量高，只有在高湿环境下储藏才能保持其生命力，如荷花、银杏、竹柏等。

① 水藏法。将种子装在袋内，放入流水中储藏。储藏种子处必须干净，无淤泥、烂草。在种子四周用木桩围挡，以防冲走。水藏法只能在冬季河水不结冰的地方使用，否则易引起冻害。

② 湿沙掩埋法。将种子埋入湿沙中储藏的方法。湿沙的体积约

为种子体积的3倍。沙的湿度不宜太大，温度控制在2～3℃，温度过高种子易发芽、发霉，温度过低会发生冻害。沙藏时间以花木种类而异，杜鹃30～40天，海棠50～60天，榆叶梅70～90天。粒小的种子不宜用此法，因很难从沙中挑出。

③ 坑藏法。在地势高、土壤干燥、土质疏松的背阳处挖深1～1.5米的坑，长度和宽度据种子的量而定。坑底铺一层石子、粗沙，然后一层湿沙一层种子堆放。沙的湿度以手握成团但不出水为宜。离地面20厘米时不再放种子，改为盖土。为防止种子发霉，每隔1米竖一把稻草或高粱秆，以利通气、散热。

第三节　繁　　殖

木本花卉可采用播种、扦插和嫁接法进行繁殖，其中扦插和嫁接应用较普遍。

（1）播种繁殖　一般木本花卉的种子在播种前要进行播前处理，处理方法有层积处理、机械破皮、酸侵蚀、化学药剂刺激等。层积处理是把种子用0～10℃低温进行湿冷处理，层积处理不能过于潮湿，否则会引起种子腐烂及阻止氧气进入种子；机械破皮是用于改变硬的或不透水的种皮，在砂纸上磨种子，用锉刀锉种子，或用锤砸种子都是适用少量的大粒种子的简单方法，大规模的技术处理，是用特殊的机械破皮机；酸侵蚀是用浓硫酸浸泡硬的或不渗透的种子，干种子置于玻璃容器或陶制容器中，加上2倍体积的浓硫酸，处理时要每隔一定时间轻轻搅动，处理时间的长短取决于温度、种子类别、种子量，10分钟至6小时不等，处理后将浓硫酸倒出，用大量水冲洗种子，种子可在湿时立即播种，也可干燥后储藏起来等以后播种；化学药剂刺激，即用化学药剂如赤霉素、细胞分裂素及硝酸钾等处理种子以促进发芽，进行药剂刺激之前，先用少量种子进行预备实验。

（2）扦插繁殖　是木本花卉常用的繁殖方法，具体做法见宿根花卉繁殖。

（3）压条繁殖　即将接近地面的枝条，在基部堆土或将其下部压入土中，较高的枝条可用空中压条法，即以湿润土壤或青苔包围枝条被切部分，待生根后剪离，重新栽植成一独立新株。在木本花卉压条上，常采用顶压、空中压条、波状压条、壅土压条等方法（图5-1）。

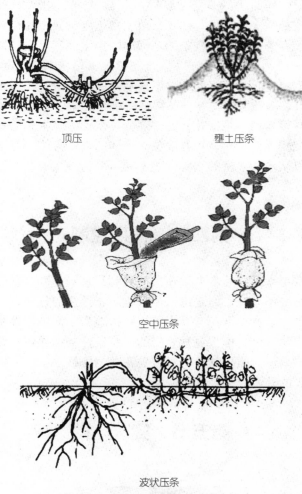

顶压 壅土压条

空中压条

波状压条

图5-1 木本花卉压条方式

顶压时选当年生长的枝条，将它弯曲在地面，使靠地面的枝梢生根，枝梢开始向土壤中生长，但以后又反曲向上使茎产生急弯，在急弯上生根；空中压条法，植株位于空中的茎被环状剥皮或以向上的角度纵切，伤口用生根基质包裹，基质必须经常保持湿润，过一段时间，在包裹的部分生根；波状压条，适用于枝梢细长柔软的灌木或藤本，将藤蔓作蛇曲状，一段埋入土中，另一段露出土面，如此反复多次，一根枝梢一次可取得几株压条苗；壅土压条，植株在休眠期剪掉地上部分，春季在新生长枝条的基部周围培土促其生根，即先将基部1/2埋入土中，生长期中可再培土1～2次，培土共深15～20厘米，以免基部露出，凡是有短硬的、不容易弯曲的枝条，并能年复一年在根茎处生长许多枝条的花卉，都特别适用此法。

（4）**嫁接繁殖**　是把花卉的一部分（接穗）嫁接到另外一种花卉上，其组织相互愈合后，培养成独立个体的繁殖方法。嫁接的方式多种多样，以砧木和接穗的来源性质不同可分为枝接、芽接、根接、靠接等多种方法。

第四节　花期控制

大多数早春开花的木本花卉在6～8月气温较高时进行花芽分化，分化的花芽并不开花，而是进入休眠以防止低温的危害，经过秋冬低温打破休眠后，春季开花。其人工控制措施为：提供短日照、生长延缓剂或者干旱条件，模拟夏秋之交的气候条件，诱导花卉花芽分化；紧接着提供低温，模拟秋冬低温打破花芽的休眠；最后，提供适温模拟自然春天的升温过程，进行催花。

第五节　实　　例

一、月季

1. 形态特征及习性

月季别名月月红、长春花、斗雪红等，为蔷薇科、蔷薇属花卉，有着"花中皇后"的美称。月季为有刺灌木或呈蔓状、攀缘状。小枝绿色，多数品种散生皮刺，也有几乎无刺的。奇数羽状复叶互生，叶缘有锯齿，绿色，幼叶常红褐色，小叶一般3～5片，椭圆或卵圆形，托叶与叶柄合生。花顶生，花单生或呈伞房及圆锥花序，花色很多。有重瓣也有单瓣，花有微香，花期4～10月，春季开花最多。肉质蔷薇果，成熟后呈橘红色，顶部裂开，"种子"为瘦果，栗褐色（图5-2）。

图5-2　月季形态

月季喜日照充足、空气流通、排水良好而避风的环境，盛夏需适当遮阴，因光照过强会使花色暗淡，但光照不足易形成盲花。多数品种最适温度白昼15～26℃，夜间10～15℃。较耐寒，冬季气温低于5℃即进入休眠。如夏季高温持续30℃以上，则多数品种开花减少，品质降低，进入半休眠状态。一般品种可耐-15℃低温。要求富含有机质、肥沃、疏松的微酸性土壤，但对土壤的适应范围较宽。空气相对湿度宜75%～80%，但稍干、稍湿也可。有连续开花的特性。喜湿润，忌积水，稍耐旱。需要保持空气流通、无污染，若通气不良易发生白粉病，空气中的有害气体，如二氧化硫、氯气、氟化物等均对月季花有毒害。

2. 用途

月季可用于花坛、花境、草坪角隅等处布置，也可用月季构成内容丰富的月季园。藤本月季可用于花架、花墙、花篱、花门等。丰花月季非常适宜装饰街心、道旁，作沿墙的花篱、独立的花屏或花圃镶边。微型月季可作有色地被、花坛和草地的镶边，也宜盆栽。切花月季切花需求量大，经济价值高，在国内外占有重要地位（图5-3）。

图5-3　月季用途

3. 繁殖

月季的繁殖方法有无性繁殖和有性繁殖两种。有性繁殖多用于培育新品种和以播种野蔷薇大量繁殖砧木。营养繁殖有扦插、嫁接、分株、压条、组织培养等方法，但人们广泛采用扦插繁殖和嫁接繁殖两种方法。嫁接可分为枝接和芽接两种，切花生产采用芽接法最为适合。

（1）嫁接繁殖　一般以根系发达，生长旺盛，抗病性、抗寒性强的蔷薇作砧木，砧木直径0.8～2.5厘米较为适宜，砧木用扦插法扩繁，也可用实生苗嫁接。选砧木距地面4～5厘米较光滑处作芽接部位，常采用"T"字形芽接法进行嫁接。

（2）扦插繁殖　有嫩枝扦插和硬枝扦插两种，以嫩枝扦插为主。嫩枝扦插，插条应从生长健壮、无病虫害的植株上选取插穗，插穗长10厘米（最好具有3个节）。上端于节上0.5～1厘米处截断，下端于节下0.5～1厘米处斜削成马蹄形，插入备好的插床中。插床基质用河沙或珍珠岩等。如用生长激素吲哚乙酸、吲哚丁酸等500～1000毫克/升水溶液速蘸插穗下端切口，能明显促进生根。扦插时，先用小棒打洞后再插入，株行距为3厘米×3厘米，插入深度为插条长的1/3～1/2，同时要保证有一个芽插入基质中，以利发根。插后浇足水分，用塑料薄膜覆盖保温保湿，同时在插床上面以遮光网（或苇箔）遮阴，20～30天即可生根。插穗生根后，可逐步揭开塑料薄膜通气，1周后可除去塑料薄膜，进行"炼苗"，使其适应外部环境，为移栽定植奠定基础。如果能提供18～28℃温度条件，则可四季均可扦插。

4. 栽培管理

（1）定植准备　切花月季定植后，一般要连续采收4～5年，所以创造一个能使根系生长的良好环境，是获得高产优质切花的重要条件。首先应进行土壤改良，掺入树皮、锯木屑、稻壳、河沙及其他有机物，使土壤疏松通气，排水良好。定植前要施足基肥，施入的基肥量为每亩（1亩≈667平方米）堆肥或畜粪（牛、猪、羊粪）700千克、饼肥70千克、骨粉和鱼粉25～35千克、过磷酸钙15千克、草木灰15～25千克，挖定植沟时分层施入。

（2）定植管理　栽植密度因品种、苗情和环境而异，种植密度可作适当的调整，稀植切花品质好，但产量低；过密则易出现"盲花"（花蕾开不了花），切花品质稍差。栽植时，将植株立于定植沟内，使根系向四周散开，覆土后压实，浇透水。定植时间以要求供花时间而定，一般定植后5个月开始产花。温室栽培定植时间最好在5～6月，10～11月即可供花。

（3）温度　温度应控制在白天20～27℃，夜间15℃左右，如温度过高（30℃以上），则花朵变小，瓣数减少，茎枝软弱，质量下降；如温度太低（夜温5℃以下），则生长速度急剧下降，产量明显降低，花朵畸形，花色变浅。若要冬季生产切花，从晚秋至早春需加温。

（4）肥水　定植后马上浇1次透水，此后至第一次摘心，浇水最好采用"见干见湿，浇则必透"的原则，以促进发新枝，使根系迅速扩大；在培养主枝的阶段及切花枝的养护阶段要充足供应水分；在炎夏半休眠阶段保持半干状态，冬季进入休眠前控水，完全休眠时免于浇水。月季开花多，需肥量大，在冬季修剪后至萌芽前进行施肥，应施足有机肥料。在生长季节最好多次施肥，5月开花后，要及时追肥，以促进夏季开花和秋季花盛；秋末应控制施肥，以防秋梢过旺生长受到霜冻；春季开始展叶时新根大量生长，不能施用浓肥，以免新根受损，影响生长。

（5）一年生植株的修剪

① 主枝的养护　接穗生出的枝条现蕾时，摘除花蕾及全部的复叶节间，令下部的叶腋发出新枝，从中选留3～5个粗壮枝条作主枝。

② 开花枝培养　即使主枝的枝条也不能让其枝顶开花，待其现蕾时再摘心，即去掉花蕾和其下部的全部小叶节间，使主枝中下部的叶腋萌发抽枝成为开花枝。

③ 切花枝的修剪　切花枝抽生后，及时除去其下部萌发的侧芽和侧蕾，以保证切花枝的生长健壮和顶蕾的充实发育。

④ 切花枝的剪取　一般是在花枝基部4～6节处剪取，留下的几节可再发新枝。

（6）两年生以上植株的修剪

① 盛夏休眠期修剪。多采用折枝法，即在距地面50～60厘米处不截断枝条，扭伤其木质部，然后将枝条压向地面，但要注意不要将皮部折断。从伤枝基部发出的新枝可作更新主枝，也可养护成花枝。

② 冬季回缩修剪。在落叶前进行1次重剪，选定3～4个生长健壮的主枝，从基部25～50厘米处短截，截口要在向外生长的叶芽上方1厘米左右处，其余枝条全部剪除，则翌年春天发出许多粗枝。

（7）修剪

包括：剪除全部的病枝、干枯枝和弱枝；剪除横向生长、相互妨碍的交叉枝和遮阴枝；剪除使植株偏向生长的分枝，以保持株形匀称，使各个方向均能接受充足的阳光；及时剪除砧木上的全部蘖芽；及时除去开花枝上的全部侧芽和侧蕾，保证养分集中供应给主花蕾；及时摘除细弱枝上的花蕾。

（8）病虫害防治　月季常见的病害有黑斑病、白粉病、枯枝病、根瘤病等。主要的害虫有蚜虫、红蜘蛛、蚧壳虫等。病害以预防为主，在高温、高湿或阴雨季节定期喷施杀菌药物，在苗木进入休眠阶段喷施石硫合剂进行全面杀菌，保证苗木健壮生长，苗木长势强健，就可抵御一定的病害侵入。

二、蜡梅

1. 形态特征及习性

蜡梅别名蜡木、黄梅、干枝梅、雪梅、香梅，为蜡梅科、蜡梅属落叶灌木。原产于我国中部，四川、湖北及陕西均有分布。蜡梅树干丛生，黄褐色，皮孔明显。单叶对生，叶椭圆状披针形，先端渐尖，叶纸质，叶面粗糙。花单生于枝条两侧，自一年生枝的叶腋发出，直径2～3.5厘米，花被多数，内层较小，紫红色，中层较大，黄色，稍有光泽，似蜡质，最外层为细小鳞片组成，花期12月至翌年3月，花先叶开放，具浓香（图5-4）。

图5-4　蜡梅形态

蜡梅性喜阳光，耐高温，夏季一般不需遮光，若光线不足易出现枝条变长，花蕾稀少，树形松散，枝条细弱等情况。蜡梅能耐阴，耐干旱，有一定耐寒力，冬季-15℃不需搬入室内。但蜡梅最怕风吹，要注意防风，否则易出现花苞不开放、开花后花瓣被风吹焦萎蔫、叶片生锈斑等现象。蜡梅忌水湿，要求土层深厚、排水良好的中性或微酸性轻壤土。

2. 用途

蜡梅花开于早春，花黄如蜡，清香四溢，为冬季观赏佳品，是我国特有的珍贵观赏花木。一般以孤植、对植、丛植、群植配置于园林与建筑物的入口处两侧和厅前、亭周、窗前屋后、墙隅及草坪、水畔、路旁等处，作为盆花桩景和瓶花亦具特色。我国传统上喜欢配植南天竹，冬天时红果、黄花、绿叶交相辉映，可谓色、香、形三者相得益彰，更具我国园林的特色。

3. 繁殖

（1）**分株繁殖**　分株在花谢后采用入土劈株带根分栽。

（2）**嫁接繁殖**　嫁接选二三年生的蜡梅为砧木，用靠接或切接法嫁接，通常采用靠接法。早春3月，把砧木与接穗的树皮削开，相互靠拢接合缚紧，接合部用塑料条缠好，使其愈合成活。成活后当年冬季就可与母株分栽。

（3）**扦插繁殖**　扦插以夏季嫩枝为好，插穗用50毫克/千克的生根粉浸泡6小时后，插在遮阴的塑料薄膜棚内，20～30天即可生根移植。

4. 栽培管理

　　（1）肥水管理　移植须在春、秋带土球移栽。花谢后应施足基肥，肥料最好用发酵腐熟的鸡粪和过磷酸钙混合有机肥，花芽分化期和孕蕾期应追施以磷为主的氮磷钾复合肥料1～2次。秋季落叶后追施充分腐熟的饼肥水1～2次。每周浇水1次，不干不浇，水量不宜过大，雨后注意排水。

　　（2）修剪整形　一般在花谢后发叶之前适时修剪，剪除枯枝、过密枝、交叉枝、病虫枝，并将一年生的枝条留基部2～3对芽，剪除上部枝条促使萌发分枝。待新枝长到2～3对叶片之后，就要进行摘心，促使萌发短壮花枝，使株形匀称优美。修剪多在3～6月进行，7月以后停止修剪。如果不适期修剪，就会抽出许多徒长枝，消耗养分，以致花芽分化不多，影响开花。

（3）病虫害防治　防治天牛时用棍敲打枝干，及时捕杀落地的成虫。防治蚜虫要喷洒10%吡虫啉可湿性粉剂6000倍液，或50%马拉松乳油1000～1500倍液。防治炭疽病可喷洒50%甲基托布津800～1000倍液。防治黑斑病，喷洒50%多菌灵可湿性粉剂1000倍液。

三、佛手

1. 形态特征及习性

佛手别名佛手柑、手桔、五指桔、九爪木，为芸香科、柑橘属常绿灌木或小乔木。原产印度，在我国广东、四川丘陵地带多有分布。佛手枝叶开展，枝刺短硬，树干褐绿色，幼枝略带紫红色。单叶互生，长椭圆形，边缘有波状微锯齿，先端钝，叶腋有刺。花簇生于叶腋间，圆锥花序，白色带紫晕，花瓣五枚。果实冬季成熟，基部圆形，有裂纹，如紧握拳状或开展如手指状，呈暗黄色，具浓香，果肉几乎完全退化。种子数颗，卵形，先端尖。花期4～5月。果熟期11～12月（图5-5）。

图5-5　佛手形态

佛手为热带、亚热带花卉，喜温暖湿润气候，喜阳光，不耐寒，好肥，耐阴，耐瘠薄，耐涝，不耐严寒、怕冰霜及干旱。以在雨量充足、冬季无冰冻的地区栽培为宜。适宜土质深厚、疏松肥沃、排水良好、富含腐殖质的酸性沙质壤土。最适生长温度为22～24℃，越冬温度5℃以上。

2. 用途

佛手的观赏价值不同于一般的盆景花卉。佛手叶色苍翠、四季常青、花朵洁白、香气扑鼻，一簇一簇开放，十分惹人喜爱。果实色泽金黄，形状奇特似手，千姿百态，让人感到妙趣横生。佛手挂果时间长，有3～4个月之久，甚至更长，可供长期观赏。

3. 繁殖

（1）嫁接繁殖　佛手多用嫁接繁殖。选枸橘作砧木进行靠接或切接。

靠接法：于8～9月上旬进行，砧木选茎部直径2～3厘米，根系发达，生长健壮的4～5年生植株，在茎基部分枝的下面切去分枝，仅留一个分枝，再在切去分枝部位的一边向下削去一些皮层。选上一年春季或秋季发生的枝条作接穗，在接穗下部的一边亦削去下面的部分皮层，再将砧木的切面靠在接穗的切面上，使两面密合，中部用塑料薄膜缚紧，约1周后即能愈合。愈后剪去接口以上的砧木部分。

切接法：于3月上、中旬进行，选砧木光滑部分稍带木质处作斜切面，深1～1.5厘米。接穗要留2～3个芽，并将下端削成1～1.5厘米长的楔形，然后将砧木切口一边与接穗切皮对直，紧密地插入砧木的切口内，用塑料薄膜捆扎，一般半个月后就愈合并抽芽出长，这时须松土除草，45～60天后，开始抽梢，此时须将包扎物除去，否则新梢易弯曲。

（2）扦插繁殖　春季2～3月及秋季8～9月均可扦插，以秋季扦插最好。秋季扦插当年就可长根，翌年春季发芽后生长迅速。插时在畦上开横沟，沟距23～27厘米，按株距15～17厘米将插条插入沟入，切不可插倒。插后覆土压实，使先端一个芽苞露出土面，土干时要淋水。

4. 栽培管理

（1）定植栽培　扦插苗或嫁接苗培育1年后，幼苗高达50厘米时，春秋两季都可定植，以2月气温开始转暖，新芽即将萌发时较好。栽苗必须栽正，须根向四面伸展，用细土壅根，向上轻提数次，使根与土壤紧密结合，再覆盖细土踩实，最后覆土稍高于地面。

（2）施肥　以腐熟豆饼渣和少量骨粉混合作基肥，3月下旬至6月上旬每半个月施稀薄饼肥水1次，现蕾后停施，孕蕾期用0.2%磷酸二氢钾液喷叶面1～2次。坐果后可在每百克水中放入糖3～5克，草木灰3～4克，尿素0.4～0.5克，混合过滤去渣，每半个月喷洒树冠1次，连续喷2～3次。10月后结合浇水加施稀薄人粪尿，同时施腐熟的堆肥。

（3）浇水　生长旺盛期要多浇水，高温和炎夏期间，早晚各浇水1次，并适当喷水以增加空气湿度。秋后浇水量应减少，冬季保持盆土湿润即可。开花、结果初期，浇水不宜太多。

（4）光照温度　佛手不耐寒，较耐阴，过强光照会造成日灼或伤害浅根群。其生长适温为10～31℃，0℃以下需移入大棚越冬，43℃下仍能正常生长。

（5）修剪摘心　将主干剪留15厘米，下面留3～5个腋芽，促其萌发壮枝，扩大树冠。当新稍长至5～8厘米时摘心，去顶芽和侧芽，以育成一定的树形，并促进其提前进入结果期。

（6）病虫害防治　佛手6、7月易发生红蜘蛛，可喷洒1000倍40%三氯杀螨醇稀释液除治；发生蚜虫危害，可喷洒1000倍25%亚胺硫磷稀释液除治；蚧壳虫，可用40%乐果乳油1000倍液防治；炭疽病，用25%菌威乳油1000～1500倍液或炭疽福美800倍液防治。

四、叶子花

1. 形态特征及习性

叶子花别名三角花、九重葛、室中花、贺春红，为紫茉莉科、叶子花属木质攀援藤本状灌木。原产南美洲的巴西，现我国各地都有栽培。叶子花嫩枝具曲刺，密生柔毛。单叶互生，卵状椭圆形，全缘，叶质薄，有光泽，叶色深绿，被厚绒毛，顶端圆钝。小花黄绿色，细小。纸质大型苞片聚生呈三角形，3朵聚生在新枝顶端，苞片颜色十分鲜艳，有粉红、洋红、深红、砖红、橙黄、玫瑰红、白色等，常被误认为是花瓣，因其形状似叶，故称其为叶子花（图5-6）。

图5-6　叶子花形态

叶子花喜欢生长在温暖、湿润、阳光充足的环境条件下，不耐寒不耐阴，喜水，喜肥。我国除南方地区可露地栽培越冬外，其他地区都需盆栽和温室栽培。对土壤要求不严，但在排水良好、富含腐殖质的肥沃沙质土壤中生长旺盛。叶子花具有很强的萌生力，耐修剪。

2. 用途

叶子花的苞片大，色彩鲜艳如花，且持续时间长，观赏价值很高，宜庭园种植或盆栽观赏，还可作盆景、绿篱及修剪造型，在我国南方常用作花架、拱门或高墙覆盖，形成立体景观。每逢新春佳节，绿叶衬托着鲜红色苞片，仿佛孔雀开屏，格外璀璨夺目。北方多盆栽，置于门廊、庭院和厅堂入口处，十分醒目。叶子花在故乡巴西，妇女常用来插在头上作装饰，别具一格。欧美还会用叶子花作切花。

3. 繁殖

（1）扦插繁殖　扦插是用花后半木质化、生长健壮、剪成约15厘米长的枝条作为插穗。插后保持28℃的温度和较高的湿度，20多天就可生根。30天后可栽植盆内。初栽的小苗需要遮阳，缓苗后放在阳光充足处，翌年就能开花。

（2）**压条繁殖**　每年5月初至6月中旬，都是进行压条的好季节。叶子花压条繁殖时，选一二年生的枝条，为促使生根可进行环状剥皮，压入土中，注意浇水，保持土壤湿润，约经1个月即可生根。3个月后可将压条剪开，脱离母体进行移栽上盆。

4. 栽培管理

（1）**施肥**　生长期要注意施肥，每周浇适量化肥溶液，还可浇蹄片水等有机肥料，施肥宜淡肥勤施。入冬后停止生长时要停止追肥。

（2）**浇水**　叶子花性喜水，生长期要大量浇水。夏季及花期浇水应及时，特别是在炎热的季节或大风天叶子花不能缺水，要加大浇水量，以保证植株生长需要。若水分供给不足，易落叶。冬季室内土壤不可过湿，可适当减少浇水量。

（3）**光照**　叶子花是强阳性花卉，喜光，应有充足光照。因此，四季都应放在有阳光直射、通风良好处。即使是夏季，也应将叶子花放在阳光充足的露地培养。如光线不足，则生长细弱，花也少。

（4）**温度**　叶子花喜高温，开花适温为28℃，冬季室温不低于20℃，温度过低或忽高忽低，容易造成落叶，不利开花。若使其进入休眠，休眠温度保持在1℃左右，则不会落叶，可保证翌年开花繁茂。

（5）**整形修剪**　盆栽每2年换1次盆，换盆要在春季进行。盆土要用草炭土加1/3细沙和少量豆饼渣作基质，结合换盆剪除细弱枝条，留2～3个芽或抹头，整成圆形。生长期间不断摘心，以控制植株生长，促使花芽形成。花后进行修剪以促进新芽生长及老枝更新，保持植株姿态美观。

（6）**病虫害防治**　主要虫害有蚜虫、红蜘蛛。要注意通风，如发生虫害可及时喷洒50%三硫磷1000～1500倍液，连续喷2～3次，可有效地防治虫害。常见病害主要有枯梢病。平时要加强松土除草，及时清除枯枝、病叶，注意通气，以减少病源的传播。加强病情检查，发现病情及时处理，可用乐果、托布津等溶液防治。

五、牡丹

1. 形态特征及习性

牡丹别名洛阳花、富贵花、木芍药等，有"花王"的美誉，为芍药科、芍药属的木本花卉。牡丹为多年生落叶小灌木，株型小，株高多在0.5～2米之间；根系肉质强大，少分枝和须根；老茎灰褐色，粗而脆，易折断，表皮常开裂而剥落，当年生枝黄褐色、较光滑，秋后常发生枯梢现象；二回三出羽状复叶，互生。花单生于当年生枝顶，花径10～30厘米，花色有白、黄、粉、红、紫及复色，有单瓣、半重瓣、重瓣。花期4～5月，蓇葖果外密被黄褐色绒毛，成熟时开裂。种子大，圆形或长圆形，黑褐色（图5-7）。

图5-7　牡丹形态

牡丹喜凉恶热，宜燥惧湿，可耐-30℃的低温。喜光，亦稍耐阴。要求疏松、肥沃、排水良好的中性壤土或沙壤土，忌在黏重土壤或低温处栽植。牡丹为肉质根，怕水涝，土壤黏重、通气不良，易引起根系腐烂，造成整株死亡。另外牡丹有春发枝、夏打盹、秋发根、冬休眠的习性。

2. 用途

牡丹花大而美丽，色香俱佳，有"国色天香""花中之王"的美誉。牡丹为我国特产名花，在园林中常用作专类园，供重点美化区应用，可植于花台、花池观赏；又可自然式孤植或丛植于岩坡草地边缘或庭园等处点缀；还可盆栽作室内观赏和切花瓶插等用（图5-8）。

图5-8　牡丹用途

3. 繁殖

牡丹繁殖可用播种、分株、嫁接、压条、扦插等方法，常用分株和嫁接法。

（1）**分株繁殖**　牡丹通常在秋季进行分株，先将四五年生的大丛牡丹整株挖出，去掉根上附土，放阴凉处晾2～3天，待根稍变软后视其相互连接的情况，找出容易分离之处，用手掰开或用刀劈开，株丛大的每株可分4～5株，然后栽植。

（2）**嫁接繁殖**　采用根接法，选择二三年生芍药根作砧木，在立秋前后先把芍药根挖掘出来，阴干2～3天稍微变软后取下面带有须根的一段截成10～15厘米，随机采生长充实、表皮光滑而又节间短的当年生牡丹枝条作接穗，截成长6～10厘米一段，每段接穗上要有1～2个充实饱满的侧芽，并带有顶芽。用劈接法或切接法嫁接在芍药的根段上，接后用胶泥将接口包住即可。接好后立即栽植在苗床上，栽时将接口栽入土内6～10厘米，然后再轻轻培土，使之呈屋脊状。培土高度要高于接穗顶端10厘米以上，以便防寒越冬。寒冷地方要进行盖草防寒，来年春暖后除去覆盖物和培土，露出接穗让其萌芽生长。

（3）播种繁殖　此法用于培育新品种。种子九分成熟时采收并立即播种，翌年春季发芽整齐，若种子老熟或播种过晚，翌年春季多不发芽，要到第三年春季才发芽。播种苗床要高，以防积水，播后覆草保持土壤湿润。

4. 栽培管理

（1）露地栽植　牡丹为肉质根，栽植时要选择疏松、肥沃、深厚的沙质壤土，并选择地势高燥、排水良好的地方。栽植宜在中秋时进行。挖苗时注意少断细根，最好是随挖随栽。若需长距离运输，最好先把根晾上1天，然后再打包装运。栽种之前要对根部进行适当修剪，剪去病根和折断根，再用0.1%的硫酸铜溶液或5%的石灰水浸泡半小时进行消毒，然后取出用清水冲洗后再栽，栽植深度以根茎交接处与土面平齐为好。

（2）肥水　地栽牡丹浇水不宜过多，尤怕积水，但在早春天旱时要注意适时浇水，夏季天热时也要定期浇水，雨季少浇水，并注意排水。新栽牡丹切忌施肥，半年后可施肥；春季萌动后开始施肥。第一次施肥是开花前的促花肥；花谢后要追施促芽肥；入秋后追施1次肥，有利于根系生长和积累明年春季生长的能量。前两次肥为速效性，第三次肥为长效性的基肥。夏秋结合施肥浇水，中耕除草松土，以利于保墒和通气，减少病虫滋生。

（3）修剪整形　花谢后要进行修剪整形，若不需要结实，应及时去除残花，减少养分消耗。每株保留5~7个充实饱满、分布均匀的枝条，每个枝条保留2个外侧花芽。春季及时剔除根颈部长出的萌蘖，使养分集中于主枝上，促进开花。

（4）光照温度　牡丹耐寒，不耐高温。华东及中部地区，均可露地越冬、气温到4℃时花芽开始逐渐膨大。适宜温度为16~20℃，低于16℃不开花。夏季高温时，植株呈半休眠状态。俗语说："阴茶花，阳牡丹。"牡丹喜阳，但不喜欢晒。地栽时需选地势较高的朝东向阳处，盆栽应置于阳光充足的东向阳台，如放南阳台或屋顶平台，西边要设法遮阴。

（5）病虫害防治 牡丹常见病害有褐斑病、紫纹羽病、红斑病和根瘤线虫病等。害虫有线虫、天牛、蚜虫、红蜘蛛等。用常规方法进行防治，每半月喷洒1次波尔多液；用灭虫威埋在牡丹根部周围防治根瘤线虫病；用40%氧化乐果乳油1000倍液喷杀，防治蚜虫和红蜘蛛危害。

（6）盆栽养护 盆栽牡丹应选择适应性强、株型矮、花大的品种，选用嫁接苗或有3～5个枝干的分株苗，花盆宜用盆径30厘米以上的大盆，并以瓦盆为好，有条件的话，平时也可将盆埋于地下。盆土应疏松、肥沃、透气，秋季上盆，盆栽前要把牡丹根晾晒一下，使其变软，并剪去过长根，以免栽时折伤根系，栽后浇透水。入冬后移入冷室，翌年春季移到室外，放背风向阳处养护，夏季放阴凉处，避免阳光直射。在开花前施1次肥，花后要追肥2～3次，分别在花谢后和夏季花芽分化期。盆栽牡丹水分比较难掌握，一般以保持湿润为度，夏季每天傍晚浇水1次，冬季不干不浇。整枝修剪要根据盆的大小确定主枝数量，一般不宜多留，以4枝左右为宜，修剪时为防止主枝过长和枝干分散，宜适当短截，以保持株型与盆土大小比例的协调和花朵匀称紧凑。

六、山茶花

1. 形态特征及习性

山茶花别名茶花、山茶、耐冬等，为山茶科、山茶属常绿灌木或小乔木。枝条黄褐色，小枝呈绿色或绿紫色至紫褐色。叶片革质，互生，长椭圆形，缘具骨质小锯齿或细锯齿，两面光滑无毛，叶柄粗短，有柔毛或无毛。花两性，常单生或2～3朵着生于枝梢顶端或叶腋间。花梗极短或不明显，苞萼9～13片，覆瓦状排列，被茸毛。花单瓣或重瓣，有红、白、粉、玫瑰红及杂有斑纹等不同花色，花期2～4月。蒴果球状或近球形，表面有毛。种子淡褐色或黑褐色，近球形或相互挤压成多边形（图5-9）。

图5-9 山茶花形态

山茶花性喜温暖湿润的气候环境，忌烈日，喜半阴的散射光照，亦耐阴。生长适温为18～25℃，30℃以上则停止生长，夏季温度超过35℃，就会出现叶片灼伤现象，夜间温度达27℃可产生大量花芽，高温是花芽形成的必要条件，16℃以下则花芽分化停止。忌烈日，喜半阴。在短日照条件下，枝茎处于休眠状态，花芽分化需要每天日照13.5～16小时，过少则不形成花芽，然而，花蕾的开放则要求短日照条件，即使温度适宜，长日照也会使花蕾大量脱落。山茶花喜空气湿度大，忌干燥，要求土壤水分充足和良好的排水条件。深厚、疏松，排水性好，酸碱度pH 5～6最为适宜，碱性土壤不适宜茶花生长。

2. 用途

山茶花花色美、花期长、叶片亮绿、树冠多姿，具有在高大树冠下能良好生长的习性，因此可用于公园绿地、自然风景区。在庭园之中，可小片群植或与其他树种搭配组合。山茶花亦是盆栽的佳品，某些矮生的灌木型品种，常被作为盆栽应用（图5-10）。

3. 繁殖

山茶花的繁殖常用扦插、嫁接、播种。

（1）**扦插繁殖** 扦插适期是6月中、下旬，第二次扦插在8月下旬至9月初进行，这两个时期气温均在30℃左右，采取遮阴设施，气温可控制在25℃左右。插穗多选取树冠外部组织充实、叶片完整、腋芽饱满无病虫害的当年生半成熟枝，插穗长度一般4～10厘米，先端留2个叶片，剪取时基部要带踵。插穗入土3厘米左右，浅插生根快，深插发根慢，插后要喷透水。以后每天叶面喷雾数次，保持湿润。扦插密度一般要求叶片相互交接而不重叠，从扦插至生根，一般需要40天左右。成活的关键是要有效地保持足够的湿度，采取措施减少热气对流，切忌阳光直射。注意叶面喷水，做到勤喷、少喷，保持叶面经常覆盖一层薄薄的水膜。生根后，要逐步增加阳光，10月以后要使幼苗充分接受阳光，加速木质化。

图5-10　山茶花用途

（2）**嫁接繁殖**　发根较困难的优良品种，多采用嫁接法繁殖，于5～6月间进行，春末效果好。嫁接法采用靠接、枝接和芽接，砧木多用单瓣品种或油茶苗，也可高接换头或1株多头。枝接的接穗带两片叶，芽接的接穗带一片叶，嫁接后必须将接口用塑料薄膜包扎，并分3次剪砧。第一次在绑扎时断梢顶，削弱砧木的顶端优势，促进愈合；第二次在接穗的新梢充分木质化后，截断砧木上部1/3枝条，保留部分枝叶，以利光合作用；第三次在接穗第二次新梢充分木质化后，在与接口同高处向下锯一个约45毫米的斜口，断掉砧木。高温季节嫁接，必须遮阴，中午前后降温。

（3）**播种繁殖**　采收的果实放置室内通风处阴干，待蒴果开裂取出种子后，立即播种，应随采随播，否则会失去发芽力。若秋季不能马上播种，应湿沙藏至翌年2月间播种。一般秋播比春播发芽率高。

4. 栽培管理

（1）地栽管理　在南方地栽山茶应选择排水良好、富含腐殖质的沙壤土，最好能在荫蔽的环境下，移植时应带土坨护根。栽植时把地上部残枝、过密枝修剪掉，成活后及时浇水，中耕除草，防治病虫害。施肥要掌握三个关键时期：2～3月施肥，起到促进春梢和起花后补肥的作用；6月间施肥，以促进二次枝生长；10～11月施肥，使新根慢慢吸收肥分，提高植株抗寒力，为翌年春梢生长打下良好基础。山茶不宜强度修剪，只要删除病虫枝、过密枝和弱枝即可。为使花朵大而鲜艳，需及时疏蕾，保持每枝1～2个花蕾即可。

（2）盆栽管理　花盆大小与苗木比例要适当。所用盆土最好在园土中加入1/2～1/3松针腐叶土。小苗1～2年换盆1次，五年生以上大苗2～3年换盆1次。于11月或翌年2～3月换盆，萌芽期停止换盆，高温季节切忌换盆。换盆后水要浇足，平时浇水要适量，浇水量要随季节变化，清明前后植株进入生长萌发期，水量应逐渐增多，新梢停止生长后要适当控制浇水，以促进花芽分化。梅雨季节，应防积水。切忌在高温烈日下浇冷水，以免引起根部不适应，而产生生理性的落叶现象。在花谢后及时施氮肥1～2次，每10天1次，以促进新枝生长。5月后，施氮、磷结合的肥料1～2次，每半月1次，以促进花芽分化。立秋后减少施肥，在温度达到5～10℃时就应移入室内。当花蕾长到黄豆粒大小时进行疏蕾，每枝头留一个蕾，其余摘去，花谢后及时摘除残花，以免消耗养分。

（3）病虫害防治　山茶在室内、大棚栽培时，如通风不好，易受红蜘蛛、蚧壳虫危害，可用40%氧化乐果乳油1000倍液喷杀防治或洗刷干净。梅雨季节空气湿度大，常发生病害，可用波尔多液或25%多菌灵可湿性粉剂1000倍液喷洒防治。

七、栀子花

1. 形态特征及习性

栀子花别名碗栀、白蟾花、黄栀子、玉荷花，为茜草科、栀子属常绿灌木，原产我国长江流域以南各地。高1～3米，枝干丛生，嫩枝常被短毛，枝圆柱形，灰色，小枝绿色。叶对生或3叶轮生，有短柄，革质，稀为纸质，少为3枚轮生，通常椭圆状倒卵形或矩圆状倒卵形，顶端渐尖，基部楔形或短尖，两面常无毛，上面亮绿，下面色较暗；侧脉8～15对，在下面凸起；托叶膜质，全缘，具光泽。花大，白色，具浓香，单生枝顶，萼管倒圆锥形或卵形，有纵棱，裂片披针形或线状披针形，花冠高脚碟状，喉部有疏柔毛。果实卵形至椭圆形，橙黄色，顶端有宿存萼片。种子近圆形而稍有棱角，花期4～5月，果期11月（图5-11）。

图5-11　栀子花形态

栀子花喜温暖，好阳光，但又要求避免强烈阳光的直晒。适宜在稍荫蔽处生活。耐半阴、怕积水。喜空气湿度高、通气良好的环境。喜疏松、湿润、肥沃、排水良好的酸性土壤。耐寒性差，温度过低叶片受冻而脱落。萌发力较强，耐修剪。

常见栽培观赏变种有大花栀子、卵叶栀子、狭叶栀子、斑叶栀子。

2. 用途

栀子花四季常青，叶色亮绿，枝叶繁茂，花色洁白，香气浓郁，又有一定耐阴和抗有毒气体的能力，为良好的绿化、美化、香化的材料，是美化庭院的优良树种，可成片丛植为花篱，或于疏林下、林缘、路旁及山旁散植，也可盆栽或制作盆景。作阳台绿化、切花都十分适宜，也可用于街道和厂矿绿化。

栀子花的花、果实、叶和根可入药，一般泡茶或煎汤服。栀子清热利尿、凉血解毒，主治黄疸、血淋痛涩、目红肿痛、火毒疮等症，还有降血压等功效。

3. 繁殖

（1）**播种繁殖**　栀子花可春播或秋播，春播在雨水前后播种，秋播在秋分前后播种。播时将种子拌上草木灰均匀地播在播种沟内，然后用细土或火烧土覆盖平播种沟，盖草淋水，经常保持土壤湿润，以利出苗。出苗后要注意及时去掉盖草，在幼苗期应经常除草，注意不要伤幼苗的根，育苗1年后即可移栽。

（2）**扦插繁殖**　栀子的枝条很容易生根，南方常于3～10月，北方则常5～6月间扦插。剪取健壮成熟枝条，插于沙床上，只要经常保持湿润，极易生根成活。水插远胜于土插，成活率接近100%，4～7月进行，剪下插穗仅保留顶端的2个叶片和顶芽插在盛有清水的容器中，经常换水，以免切口腐烂，3周后即开始生根。

（3）**压条繁殖**　压条于4月清明前后或梅雨季节进行，一般从二三年生母株上选取一年生健壮枝条，将其拉到地面，刻伤枝条上的入土部位，如能在刻伤部位蘸上浓度为0.02%的粉剂萘乙酸，再盖上土压实，则更容易生根。如有三叉枝，则可在叉口处刻伤，一次可得三苗。约3周生根，当年6、7月即可切离母树，分栽培养。

4. 栽培管理

（1）**肥水管理**　夏季要多浇水，增加湿度。空气湿度如低于70%，就会直接影响花芽分化和花蕾的成长，但过湿又会引起根烂枝枯、叶黄脱落的现象。除正常浇水外，应经常用清水喷洒叶面及附近地面，适当增加空气湿度。开花前多施薄肥，宜施沤熟的豆饼、麻酱渣、花生麸等肥料，发酵腐熟后可呈酸性，促进花朵肥大。切忌浓肥、生肥，冬眠期不施肥。

（2）光照温度　栀子花切忌烈日暴晒，但往往有的人误认为栀子花要求全阴，以致在栽培上造成失误，实际上在注意培养其阴凉环境的同时，要保持全日60%的光照，才能满足其生长的需求。栀子花生长适温为18～22℃，越冬期5～10℃，低于-10℃则易受冻。

（3）整形修剪　栀子于4月孕蕾形成花芽，所以4～5月间除剪去个别冗杂的枝叶外，注重保蕾。花后及时剪除残花，促使抽生新梢，新梢长至2～3个节时，进行第一次摘心，并适当抹去部分腋芽。8月对二茬枝进行摘心，培养树冠，就能得到有优美树形的植株。

（4）病虫害防治　叶斑病可用70%甲基托布津可湿性粉剂1000倍液，或25%多菌灵250～300倍液，或75%百菌清700～800倍液防治。虫害有刺蛾、蚧壳虫和粉虱危害，用2.5%敌杀死乳油3000倍液喷杀刺蛾，用40%氧化乐果乳油1500倍液喷杀蚧壳虫和粉虱。

八、扶桑

1. 形态特征及习性

扶桑别名朱槿、佛桑、桑槿、大红花，为锦葵科、木槿属常绿灌木或小乔木。原产我国南部地区。扶桑茎直立，盆栽株高一般1～3米，多分枝。树冠近球形。单叶互生，广卵形或长卵形，先端渐小，叶缘具粗齿或有缺刻，基部全缘，叶表面有光泽。花朵硕大，单生于叶腋，有下垂的、有直立的、有单瓣的、有重瓣的。单瓣花呈漏斗形，雄蕊及柱头伸出花冠外；重瓣花花冠通常玫瑰红色，非漏斗形，雄蕊及柱头不突出花冠外。花色丰富，有鲜红、大红、粉红、橙黄、白、桃红等色，直径10厘米左右，花期长。蒴果卵形，光滑（图5-12）。

扶桑是强阳性花卉，喜光照充足、温暖湿润环境。不耐寒、不耐旱、不耐阴，温度在12～15℃才能越冬。气温在30℃以上开花繁茂，在2～5℃低温时出现落叶。对土壤适应范围广，但在疏松肥沃、排水良好的中性至微酸性沙质土壤中生长良好。忌积水，萌芽力强，耐修剪。

图5-12　扶桑形态

2. 用途

扶桑花大色艳、花姿优美，花朵朝开暮萎、姹紫嫣红，全年开花，夏秋最盛，是美丽的观赏花木。多栽植于池畔、亭前、道旁和墙边。也适宜盆栽于客厅、入口等处摆设和放置于阳台上观赏。扶桑也是布置节日公园、花坛、宾馆、会场等夏秋公共场所及家庭养花的最好花木之一。

3. 繁殖

（1）扦插繁殖　扶桑主要采用扦插法繁殖，通常5～10月进行，冬季在温室内进行，但以梅雨季节成活率高。选一二年生、1厘米左右粗的健壮枝条，剪成10～15厘米的插穗，只留上部叶片和顶芽，削平基部，插入经水洗消毒的细沙土中，保持较高空气湿度，30～40天后便可生根。用0.3%～0.4%吲哚丁酸处理插条基部1～2秒，可缩短生根期。根长3～4厘米时移栽上盆。

（2）嫁接繁殖　扶桑嫁接在春、秋季进行。多用于扦插困难或生根较慢的扶桑品种，尤其是扦插成活率低的重瓣品种。枝接或芽接均可，砧木用单瓣扶桑。嫁接苗当年抽枝开花。

4. 栽培管理

（1）肥水管理　4月出温室后应放于光线充足的地方，生长期施入加20倍水稀释的腐熟饼肥上清液1～2次，6月起开花，一直到10月，每月追施2%的磷酸二氢钾1～2次，并充分浇水。10月底移入温室管理，控制浇水，停止施肥。

（2）光照温度 扶桑在光照不足时，花蕾易脱落，花朵缩小。每天日照不能少于8小时，在栽培中要及时补光。扶桑不耐霜冻，在霜降后至立冬前必须移入室内保暖。越冬温度要求不低于5℃，以免遭受冻害；不高于15℃，以免影响休眠。休眠不好，翌年生长开花不旺。

（3）整形修剪 为了保持树形优美、着花量多，根据扶桑发枝萌蘖能力强的特性，可于早春出温室前后进行修剪整形，各枝除基部留2～3个芽外，上部全部剪截，修剪可促使发新枝，长势将更旺盛，株形也会更美观。修剪后，因地上部分消耗减少，要适当节制水肥。

（4）病虫害防治 叶斑病喷洒500～800倍液的代森锌防治。茎腐病在雨季前后每隔10天左右用200～500倍液托布津防治。蚧壳虫可喷80%敌敌畏乳剂或马拉硫磷1000倍液防治。蚜虫可用80%敌敌畏乳剂2000倍液防治。

九、茉莉花

1. 形态特征及习性

茉莉花别名茶叶花，为木犀科、素馨属常绿小灌木。株高0.5～2米。枝条细长，呈蔓生状。单叶对生，光亮，宽卵形或椭圆形，叶脉明显，叶面微皱，叶柄短而向上弯曲，有短柔毛。花顶生聚伞花序或腋生，有花3～9朵，通常3～4朵，花冠白色，极芳香。大多数品种的花期5～10月，陆续开花不绝（图5-13）。

茉莉花性喜温暖湿润，在通风良好、半阴环境生长最好，不耐寒，怕旱，亦不耐涝。喜光，略耐阴。适合生长于富含腐殖质、肥沃而排水良好的酸性土中。冬季低于3℃时易受冻害。茉莉花喜肥，特别是在花期，需肥较多。

2. 用途

茉莉花叶色青翠、花色洁白、香气浓厚，盆栽点缀居室清雅宜人，温暖地区可布置庭园，是熏制花茶的重要香料。花、叶、根均可入药。

图5-13　茉莉花形态

3. 繁殖

茉莉花繁殖多用扦插法，也可压条或分株法繁殖。

（1）扦插繁殖　于5～6月进行为好，北方地区亦有在6月中旬至8月中旬扦插的。选取成熟的一年生枝条，剪成长10～15厘米、带有两个节以上的插穗，去除下部叶片，插在泥沙各半的基质中，覆盖塑料薄膜，保持较高空气湿度，经40天左右生根，当年可开花。7～8月扦插宜选嫩枝，插前用50毫克/升萘乙酸或吲哚丁酸浸泡3～5小时，插床遮阴20天，床温保持20～25℃，2周左右就能生根。

（2）压条繁殖　选用较长的枝条，在节下部轻轻刻伤，埋入盛沙泥的小盆，经常保湿，20～30天开始生根，2个月后可与母株割离成苗，另行栽植，此法繁殖的苗木当年可开花。

4. 栽培管理

南方露地栽培的茉莉花以生产鲜花为主，管理较为粗放。茉莉生长旺盛，耗肥量大，故除秋末施些基肥外，春、夏生长旺季还要追施3～4次复合肥。

（1）土肥　盆栽茉莉花需配有腐叶土、基肥的培养土，栽种后移到荫蔽处庇护20多天，待长出新梢后，移至阳光下，并加强肥水管理，生长旺季，每周追施1次稀释的肥水。9月上旬停止施肥，以提高枝条成熟度，有利越冬。

（2）浇水　盛夏季每天要早、晚浇水，如空气干燥，需补充喷水；冬季休眠期，要控制浇水量，每7天左右浇1次水。如盆土过湿，会引起烂根或落叶。盆栽茉莉花一般每年应换盆换土1次。

（3）修剪促花　换盆前应对茉莉花进行1次修剪，对上年生的枝条只留10厘米左右，并剪掉病枯枝和过密、过细的枝条。生长期经常疏除生长过密的老叶，可以促进腋芽萌发和多发新枝、多长花蕾。为使盆栽茉莉花株形丰满美观，花谢后应随即剪去残败花枝，以促使基部萌发新枝，控制植株高度。

（4）温度　茉莉花畏寒，在气温下降到6～7℃时，应搬入室内，同时注意开窗通风，以免造成叶子变黄脱落。这时气温常不稳定，遇有天气温暖时，仍应搬到室外，通风见光。茉莉搬入室内过冬，宜放置在阳光充足的房间里，室温应在5℃以上。

盆栽茉莉花管理不当，往往会发生叶片发黄的现象，造成叶片发黄的原因有：浇水过量或施肥过浓，造成根部腐烂，使生长正常的植株叶片突然变黄；浇灌用水和土壤偏碱，植株生长衰弱，叶子慢慢变黄，因此平时可适当施矾肥水作为追肥；养分供应不足也可导致植株叶片发黄。引起叶片发黄的因素有时是单一的，有时是两种或多种因素综合作用的结果，因此要仔细诊断，对症下药。

十、八仙花

1. 形态特征及习性

八仙花别名阴绣球、粉团花、紫阳花、绣球、斗球，为虎耳草科、八仙花属常绿或落叶小灌木，原产我国和日本。八仙花株高可达4米。根肉质。枝条粗壮，节间明显。叶对生，椭圆形至阔卵圆形，先端短而渐尖，淡绿色，边缘有钝锯齿，表面有光泽，叶柄粗壮，叶脉明显。花为不孕花，呈球形，伞房花序顶生，花初开时为淡绿色后转变为白色，最后变为粉红色或蓝色，花期6～7月（图5-14）。

图5-14　八仙花形态

八仙花喜温暖湿润的气候，忌烈日直晒，喜半阴环境。要求排水良好、富含腐殖质的酸性壤土。土壤酸碱度与花色有关。碱性土壤易使八仙花叶黄化，生长衰弱。

2. 用途

八仙花花大色美，是长江流域著名的观赏花卉。园林中可配置于稀疏的树荫下及林荫道旁，片植于阴向山坡。因对阳光要求不高，故最适宜栽植于阳光较差的小面积庭院中。建筑物入口处对植两株、沿建筑物列植一排、丛植于庭院一角，都很理想。更适于植为花篱、花境。如将整个花球剪下，瓶插室内，也是上等点缀品。将花球悬挂于床帐之内，更觉雅趣。

3. 繁殖

（1）扦插繁殖　扦插繁殖分硬枝扦插和嫩枝扦插。硬枝扦插于3月上旬植株未发芽前切取枝梢2～3节，进行温室盆插。嫩枝扦插于5～6月发芽后到新梢停止生长前进行效果最好，于荫棚下进行，将剪取的嫩枝插于河沙中，保持插床和空气湿润，在20℃左右的条件下，10～20天即可生根，扦插成活后，翌年即可开花。

（2）分株繁殖　八仙花的分株繁殖宜在早春萌芽前进行。将已生根的枝条与母株分离，直接盆栽，浇水不宜过多，在半阴处养护，待萌发新芽后再转入正常养护。

（3）压条繁殖　压条繁殖用老枝、嫩枝均可。春天芽萌动时用老枝压条，嫩枝抽出8～10厘米长时即可压条，此时压入土中的是二年生枝条。6月也可进行嫩枝压条。压条前需去顶，挖1厘米×（2～3）厘米的沟，不必刻伤，然后将枝条埋入土中，拍实土，浇透水。正常情况下，1个月后可生根。再将子株与母株分离，另行栽植。用老枝压条的子株当年可开花，用嫩枝压条的子株翌年才能开花。

4. 栽培管理

（1）肥水管理　生长期内一般半个月施1次稀薄酱渣水，为使土壤经常保持酸性条件，可结合施液肥时每100千克肥水中加200克硫酸亚铁，使之变成矾肥水浇灌。孕蕾期间增施1～2次0.5%过磷酸钙，则会使花大色艳。栽培宜选择庇荫处，保持土壤湿润，但也不能浇水过多。雨季排涝，以防烂根。

（2）光照温度　盛夏光照过强时，适当遮阴，可延长观花期。花后摘除花茎，促使产生新枝。花色受土壤酸碱度影响，酸性土花呈蓝色，碱性土花为红色。每年春季换盆1次。春季宜重剪，留茎部2～3个芽，新芽长到10厘米时，摘心1次，可促使多分枝、开花繁茂。适当修剪，保持株形优美。

（3）病虫害防治　八仙花易生姜蔫病、白粉病和叶斑病，用65%代森锌可湿性粉剂600倍液喷洒防治。虫害有蚜虫和盲蝽危害，可用40%氧化乐果乳油1500倍液喷杀。

十一、玫瑰

1. 形态特征及习性

玫瑰别名徘徊花、刺玫花、穿心玫瑰、刺客，为蔷薇科、蔷薇属落叶灌木。原产我国北部，朝鲜、日本等地有分布。玫瑰枝干多针刺。株高2米左右。奇数羽状复叶，小叶5～9枚，椭圆形至椭圆状倒卵形，表面多皱纹，有边刺。托叶大部和叶柄合生。花单生或数朵聚生，重瓣至半重瓣，花紫红色、白色，有芳香。果扁球形，红色。花期4～5月，果期9～10月。常见品种有紫枝玫瑰、苦水玫瑰、平阴玫瑰等（图5-15）。

图5-15　玫瑰形态

玫瑰不耐积水。喜阳光，耐旱，耐寒，喜肥沃的沙质壤土，在背风向阳、排水良好、疏松肥沃的轻壤土中生长良好，在黏壤土中生长不良、开花不佳。宜栽植在通风良好、离墙壁较远的地方，以防日光反射，灼伤花苞，影响开花。

2. 用途

玫瑰在园林庭院中最适宜作花篱、花境、大型花坛和专类玫瑰园。

玫瑰花中含有300多种化学成分，如芳香的醇、醛、脂肪酸、酚和含香精的油和脂，常食玫瑰制品能柔肝醒胃、舒气活血、美容养颜，令人神清气爽。

玫瑰为香料花卉，从玫瑰花中提取的香料——玫瑰油，在国际市场上价格昂贵，1千克玫瑰油相当于1.25千克黄金的价格，所以有人称之为"液体黄金"。玫瑰油成分纯净、气味芳香，一直是世界香料工业不可取代的原料，在欧洲多用于制造高级香水等化妆品。

3. 繁殖

（1）播种繁殖　播种法一般都是培育新品种时才采用，将秋季采收的种子装入盛有湿润沙土的塑料袋内，置于夜冻昼融的环境里，经过1个月左右再逐渐加温至20℃左右，种子裂口发芽后即可以播种（或者沙藏到翌年春季播种），当幼苗长出3～5小叶时分栽。

（2）扦插繁殖　硬枝扦插，是将越冬前剪下的一年生充实枝条，剪成2～3节为一段，每10枝成一捆，在低温温室内挖一个深30厘米的坑，将插条倒埋在湿润沙土中，顶部覆土5～10厘米（要保持不干），翌年早春，将插穗插入插床。

带踵嫩枝扦插，即在早春选新萌发的枝，用利刀在其茎部带少许木质削下，用生长激素处理后插入扦插床或小盆中。

（3）**分株繁殖**　分株繁殖适宜秋季落叶或早春萌发前进行，可将玫瑰适当深栽或根部培土，促使各分枝茎部长新根。结合换盆，可将长新根的侧枝切开，另成一新植株。

（4）**嫁接繁殖**

① 芽接法。每5～9月，在良种母株上选择饱满的芽眼削下，在白玉棠或蔷薇砧木上接1～2个芽，也可以在砧木的一根长枝上，每隔8～10厘米接1个芽，接活后，将一段段带1个接活芽的枝分段剪开，与一般扦插法一样，插入沙床或容器中。

② 枝接法。每年春天可用切接、舌接、腹接法将良种枝条接在蔷薇、白玉棠砧木上。

③ 根接法。冬春玫瑰休眠期，在室内将接穗接在蔷薇或白玉棠的一枝根上，绑扎好后，把它假植于地，中温温室，保持湿润，待其接口愈合后再上盆或定植。

（5）**压条繁殖**

① 地面压条法。在玫瑰生长期，将玫瑰枝条芽下刻伤，弯曲埋入湿润的土中，枝条先端一段伸出土面，当压埋在土中的刻伤处长出新根，就可以切开分栽。

② 空中压条法。在玫瑰枝条上，选一个合适部位，将枝条刻伤或把表皮环剥1～1.5厘米，在剥皮处用竹筒或塑料布包一直径6～8厘米的土球，经常保持湿润，经1个月左右，伤口长出新根，剪下，栽植于苗床或花盆中。

4. 栽培管理

（1）肥水管理　秋季落叶后，在植株周围挖环状沟，埋入肥效长、可防寒的堆肥或畜粪，春芽刚萌动时，用加5倍水的人畜粪尿液浇在根的周围，注意保证不污染茎叶。干旱时浇水，及时剪去老株及枯死枝条，对当年枝不宜短截。玫瑰不耐涝，积水会导致落叶，甚至死亡。

（2）光照温度　玫瑰应离墙壁较远，以防日光反射，灼伤花苞，影响开花。在微碱性土壤中也能适应。昼夜温差大、干燥的环境条件有利于玫瑰生长。阳光充足可促使生长良好。无论地栽、盆栽均应放在阳光充足的地方，每天要接受4小时以上的直射阳光。不能在室内光线不足的地方长期摆放。冬季入室，放向阳处。气温12～18℃生长迅速，3、4月温度过低，会影响花芽分化，花期土壤含水量以14%左右为宜。

（3）病虫害防治　锈病、白粉病、黑斑病可用50%多菌灵可湿性粉剂1000倍液防治。金龟子可用敌敌畏防治；红蜘蛛可用三氯杀螨醇防治；蚜虫常用的药剂为蚜虱净，还可用敌敌畏熏蒸，效果更好，但成花后不能使用。

十二、杜鹃花

1. 形态特征及习性

杜鹃花别名杜鹃、映山红、山踟蹰、山石榴，为杜鹃花科、杜鹃花属常绿、半常绿、落叶灌木或乔木。杜鹃花在不同的自然环境中，形成不同的形态特征，差异悬殊，有的高达20米，有的匍匐状，高仅10～20厘米。杜鹃花主干直立，单生或丛生。枝条互生或假轮生。枝、叶有毛或无毛，有鳞片或无。叶多形，但不呈条形，全缘，极少有锯齿，革质或纸质，有芳香或无。花顶生、侧生或腋生，单花、少花或集成总状伞形花序，花冠显著，漏斗形、钟形、蝶形或管形等。花色丰富，蒴果开裂，种子多数粉末状。花期4～6月。不同类型的形态特征如下。

（1）毛鹃　树体较大，有的可达2米以上，发枝粗长，叶长椭圆形、多毛，生长健壮，适应性强，花大、单瓣，宽漏斗状，少重瓣，花色有红、紫、粉、白及复色。自然花期4～5月。

（2）西鹃　树体低矮，高0.5～1米，发枝粗短，枝叶稠密，叶片毛少。花型花色丰富，多数重瓣，少有半重瓣，花期2～5月，花直径6～10厘米。

（3）东鹃（春鹃） 体形矮小，高1～2米，分枝散乱，枝条纤细，叶薄色淡，毛少有光，4月开花，着花繁密，花朵最小，花径2～4厘米，最大6厘米，单瓣或由花萼瓣化而成套筒瓣，少数重瓣，花色多种。

（4）夏鹃 叶小而薄，分枝细密，冠形丰满。花中至大型，直径在6厘米以上，单瓣或重瓣。自然花期在6月前后。

杜鹃花喜温凉、湿润气候，喜疏荫，忌暴晒，耐寒力因原产地不同差别大。要求富含腐殖质、疏松、湿润及pH值在5.5～6.5之间的酸性土壤。部分种及园艺品种的适应性较强，耐干旱、瘠薄，土壤pH值在7～8之间也能生长。但在黏重或通透性差的土壤上，生长不良。最适宜的生长温度为15～25℃，气温超过30℃或低于5℃则生长停滞。冬季有短暂的休眠期，以后随温度上升，花芽逐渐膨大，杜鹃花根系浅，寿命长。

2. 用途

杜鹃花的色彩和形态丰富，具有较高的观赏价值。可以植于庭园中的假山坡上、松林下或溪边堤岸上，还可制作大型山水盆景及布置厅室、会场等（图5-16）。

图5-16 杜鹃花用途

3. 繁殖

杜鹃花常用播种、扦插和嫁接法繁殖，也可行压条和分株。

（1）**播种繁殖** 常绿杜鹃类最好随采随播，落叶杜鹃储种，来年春播。杜鹃花种子很小，故在盆内均匀撒播，上面覆一层薄土，播后盆面盖上塑料薄膜或玻璃，放荫蔽处，气温15～20℃时，约20天出苗，实际上24℃发芽快而强健，2周苗基本可出全。

（2）**扦插繁殖** 只要气温合适，周年均可进行，但以初夏和秋后更好。一般于5～6月间选当年生半木质化枝条作插穗，长5～10厘米，上部留4～5片叶，扦插时打孔后，插入插穗长的1/3～1/2，插后浇透水，设棚遮阴，在温度25℃左右的条件下，1个月左右即可生根。生根后要及早上盆。

（3）**嫁接繁殖** 砧木多用二三年生毛鹃，接穗选当年生嫩枝或一二年生的枝条，长3厘米左右，上面有5片左右叶的枝梢。采用切接或劈接法，接穗削面长1厘米左右，砧木纵切口1.2厘米左右，接穗插入砧木后，切口上露1～2毫米宽，用塑料条绑紧套上塑料袋，放在荫棚下经1个月即可愈合，成活后去袋放在弱光下，经2个月左右接口愈合好后可去袋，翌年春天去绑条。

4. 栽培管理

（1）**盆土要求** 杜鹃花性喜疏松、通透性强、排水良好、富含腐殖质的酸性土壤。pH值为5～6.5，要求基质疏松肥沃，可用草炭土混菜园土、松针土或掺约1/3的蕨根纤维，以利于保湿排水。

（2）**花盆选择** 可根据用途选择，一般选用泥盆和紫砂盆两种。泥盆通气透水性好，有利于根系生长，生产单位栽培都用此盆。成型的杜鹃花，特别是已造型的杜鹃花，为供室内外陈设，一般栽于美观古雅的紫砂盆中，紫砂盆质地细腻，色彩丰富、造型美观，可增加观赏价值。

（3）**光照温度** 10月底杜鹃就要入室，室内要有良好的通风条件，避免烟气污染，西鹃、东鹃温度要保持在0℃以上，最好保持在10～15℃。出室后放在半阴半阳处，中午前后如光线太强要遮阴，4月下旬开始，要用遮阳网遮掉40%～60%的光，秋天早晚见光。

（4）**肥水管理** 杜鹃性喜阴湿，不宜过干。浇水要适时适量，水质要酸性。浇水要不干不浇，七分干时再浇透，但千万不要干过头。杜鹃喜叶面喷水，宜保持80%的相对湿度，花期浇水不宜多，更不能喷水在花上，雨季防盆中积水，冬季少浇水。最好使用雨水，其次用河水、池塘水。如用自来水，宜把水存放1～2天，让氯气挥发掉再使用。有时加0.2%硫酸亚铁，经常使用，确保土壤呈酸性。杜鹃花比较喜肥，要薄肥勤施，忌浓肥，春季开花后每隔10天施1次薄肥，浓度为15%，伏天应停施或更淡一些，施肥要在土壤干后进行，施肥后洒水喷淋，第二天上午浇1次清水。6～8月花芽分化时，加入适量的磷酸二氢钾，秋凉后追磷肥1～2次，10月停肥。

（5）修剪整形　杜鹃花萌发力强，枝条密集，必须通过除芽、疏蕾、摘心、疏枝及拉、撑、捆、压等方法，使株形完美。上盆后苗高15厘米时摘心，若生长过旺，秋天再摘心1次，出现花蕾时应疏去，防止出现小老苗。花后进行疏整，夏鹃要注意疏剪，疏去过密枝、细弱枝、徒长枝。并且要及时摘去残花。

（6）病虫害防治　杜鹃花常见的虫害有红蜘蛛，可用三氯杀螨醇1000倍液喷杀，每周1次，连续用3次就可。军配虫用1500倍氧化乐果防治。发生褐斑病用800倍托布津防治。叶肿病可发芽前喷1波美度石硫合剂，展叶后喷2%波尔多液2～3次，1周左右1次。

十三、石榴

1. 形态特征及习性

石榴别名安石榴、丹若、山力叶、榭榴，为石榴科、石榴属落叶灌木或小乔木。原产中亚亚热带地区。石榴树皮粗糙，灰褐色，有瘤状突起。分枝多，嫩枝有棱，小枝柔韧。单叶对生，有短柄，长椭圆形或长倒卵形，先端圆钝或微尖，有光泽，质厚，全缘，新叶红色。花两性，有钟状花和筒状花，有短柄，一般一朵至数朵着生在当年生新枝的顶端。花有单瓣、重瓣之分，花色多为大红，也有粉红、黄、白及红白相间色，花瓣皱缩。花期5～9月。浆果球形，外种皮肉质，呈鲜红、淡红或白色，顶部有宿存花萼，果多汁，甜酸味，可食用，果熟期9～10月（图5-17）。

图5-17　石榴形态

石榴喜光线充足、喜温暖，温度在10℃以上才能萌芽。石榴较耐寒，冬季休眠时可耐短期低温。石榴耐旱，不耐阴，怕水涝，适宜疏松、排水良好的沙质土壤。生长季节需水较多。石榴树龄可长达百年。石榴适宜于在园林绿地中栽植，是观花、观果极佳的盆景花卉。

2. 用途

石榴花开于初夏，绿叶荫荫之中，燃起一片火红，灿若烟霞，绚烂之极。赏过了花，再过两三个月，红红的果实又挂满了枝头，恰若"果实星悬，光若玻础，如珊珊之映绿水"。正是"丹蓓结秀，华（花）实并丽"。石榴花大色艳，花期长，从麦收前后一直开到10月，石榴果实色泽艳丽。由于其既能赏花，又可食果，因而深受人们喜爱，用石榴制作的盆景更是备受青睐。

3. 繁殖

（1）扦插繁殖　石榴扦插较为简便，应用最为广泛。扦插在温度能达到要求的条件下，四季均可进行，扦插冬春用硬枝，夏秋用嫩枝。剪取半木质化枝条15～16厘米作插穗，保留顶部小叶，插穗切口上部要平滑，下部剪成斜面，随剪随插，以保证成活率。插床上的扦插基质要用消过毒的沙壤土，插后注意遮阴保湿。温度在20℃左右，30天可以生根。

（2）**压条繁殖**　春、秋季均可进行，不必刻伤，芽萌动前用根部的分蘖枝压入土中，经夏季生根后割离母株，秋季即可成苗。露地栽培应选择光照充足、排水良好的场所。生长过程中，每月施肥1次。需勤除根蘖苗和剪除死枝、病枝、过密枝和徒长枝，以利通风透光。盆栽，宜浅栽，需控制浇水，宜干不宜湿。生长期需摘心，控制营养生长，促进花芽形成。

4. 栽培管理

（1）**施肥**　结合早春翻盆换土，施入100～150克骨粉或豆饼渣、鸡鸭粪等肥料作基肥。早春施稀薄饼肥水1～2次，开花前施以充分腐熟的稀薄蹄角片水或麻酱渣水1～2次，孕蕾期用0.2%磷酸二氢钾液喷施叶面1次，花谢坐果期和长果期，每月追施磷钾肥料1～2次。

（2）**浇水**　春、秋季隔1天浇水1次，夏天早晚各浇水1次，冬天控制浇水，约1周浇水1次，每年冬春之间，进行1次疏枝和修剪，生长期间，适当作摘心修剪并不断剪去根干上的萌蘖。

（3）**光照温度**　生长期要求全日照，并且光照越充足，花越多越鲜艳。背风、向阳、干燥的环境有利于花芽形成和开花。光照不足时，会只长叶不开花，影响观赏效果。适宜生长温度15～20℃，冬季温度不宜低于-18℃，否则会受到冻害。

（4）**修剪整形**　由于石榴枝条细密杂乱，因此需通过修剪来达到株形美观的效果。采用疏剪、短截的方法，剪除干枯枝、徒长枝、交叉枝、病弱枝、密生枝。夏季及时摘心，疏花疏果，达到通风透光、株形优美、花繁叶茂、硕果累累的效果。

（5）**病虫害防治**　石榴易受蚜虫、蚧壳虫和桃蛀螟等侵害。桃蛀螟可用30倍的敌百虫液浸药棉球塞入花萼深处，当幼虫通过花萼时，即被毒死。蚜虫可用香烟蒂浸泡肥皂水喷洒。发生蚧壳虫，量少时可用手指或小刷除去，数量多时，可喷乐果防治。

十四、橡皮树

1. 形态特征及习性

橡皮树别名印度榕、印度胶树、缅树，为桑科、榕属常绿乔木。株高可达25米以上，全株光滑，具乳汁，老枝灰白色，嫩枝褐色，茎节上常发生气生根；单叶互生，长椭圆形至椭圆形，长15～30厘米，宽8厘米左右，叶面暗绿色，叶背淡绿色，全缘，厚革质，先端钝或有小尖，托叶红褐色；雌雄同株，花细小，白色，单性花。

橡皮树喜温暖、潮湿、阳光充足的环境，也稍能耐阴，不耐寒。夏季在30℃的温室内生长繁茂。冬季最低温度一般在10℃以上，温度过低造成低温寒害，叶片发黑，茎干、根系相继死亡。在肥沃、疏松，中性或偏酸性土壤中生长良好。

2. 用途

橡皮树叶大光亮，四季常青，为常见的观叶花卉，适宜盆栽。小型植株可作窗台或几桌布置，大中型植株则宜布置厅堂、办公室和会议室等处。在华南地区可露地栽培作风景树或行道树（图5-18）。

图5-18 橡皮树用途

3. 繁殖

橡皮树繁殖以扦插为主，也可进行压条繁殖。

（1）**扦插繁殖** 扦插时间在春末夏初，可结合修剪进行，插穗多选用一年生半木质化的中部枝条。插穗的长度保留3～4个节，剪去下部的叶片，将上面两片叶子合拢，用细塑料绳绑好，减少叶面蒸发。插条截取后，为防止剪口乳汁流出过多，影响成活，应及时用胶泥或草木灰将伤口封住。插穗准备好后不要马上扦插，要放在室内阴干4～6小时，然后扦插在以河沙加泥炭为基质的插床上，插穗入土深1/2左右。插后保持插床有较高的湿度，但不要积水，适宜温度为20～25℃，并做好遮阴和通风工作，约1个月即可生根，盆栽后放稍遮阴处，待新芽萌动后再逐渐增加光照。

（2）**压条繁殖**　对于那些植株弱小的种类或家养的植株可采用压条繁殖，即选择生长健壮、无病虫害的枝条，进行环状剥皮，然后包上苔藓或湿的泥土维持湿润，1个月左右即可生根，切离后上盆。

4. 栽培管理

（1）水肥管理　橡皮树喜肥喜水，栽培时生长旺季应做到水肥充足，除施基肥外，每月至少追施稀薄肥水1次，平时保持盆土湿润，高温季节早晚各浇水1次，并向枝叶喷水，入秋后减少浇水，停止施肥。其次，因橡皮树叶片大而繁茂，呼吸蒸腾作用强，应经常用清水喷淋叶面，也可用啤酒擦洗，可起到增肥作用，使叶片油绿光亮。

（2）光照温度　夏季应给予遮阴，保持遮光率70%左右，但如长期阴凉及通风不良，易发生黄叶、落叶现象。10月下旬移入室内，冬季保持温度10℃以上。春季移出室外不能太早，出房后防止冷风吹袭和雨淋。

（3）换盆摘心　盆栽一般1～2年根据生长状况换盆1次。当幼苗长到70厘米左右时摘心，促发侧枝，然后选留3～5个枝条，每年对侧枝短截1次，剪时注意剪口芽的方向要符合树形的需要。

十五、一品红

1. 形态特征及习性

一品红别名象牙红、圣诞花、猩猩木、老来娇，为大戟科、大戟属常绿灌木。株高1～3米。茎叶含白色乳汁。茎光滑，嫩枝绿色，老枝淡褐色。单叶互生，卵状椭圆形或阔披针形，全缘或波状浅裂，茎部距花愈近，叶片愈狭呈披针形。苞叶朱红色，为主要观赏部位，顶生杯状花序，总苞淡绿色，边缘有齿及1～2枚大而黄色的腺体，自然花期12月至翌年2月。

一品红性喜温暖、湿润及阳光充足的环境，光照不足可造成徒长、落叶。不耐低温，忌干旱，怕积水，为典型的短日照花卉。对土壤要求不严，但以微酸性的肥沃、湿润、排水良好的沙壤土最好。

2. 用途

一品红颜色鲜艳，观赏期长，又值圣诞、元旦、春节期间苞叶变色，具有良好的观赏效果。华南地区植于庭园点缀，具有画龙点睛之效；盆栽适宜布置室内、门厅、会场等大小场合（图5-19）。

图5-19　一品红用途

3. 繁殖

一品红繁殖以扦插为主。用老枝、嫩枝均可扦插，但枝条过嫩则难以成活，嫩枝扦插应选母株上当年生或一二年生健壮和无病虫害的枝条，一般采用母株枝条的顶部，长10厘米左右，具3节，上部留3片叶，下部叶子剪去，上切口平，下切口斜，下切口在芽的基部节下半厘米处，为了避免乳汁流出，剪后立即浸入水中或沾草木灰，待插穗稍晾干后即可插入排水良好的土壤中或粗沙中，土面留2～3个芽，保持湿润并稍遮阴。插后保持20～25℃，湿度80%～90%的条件下，3周左右可生根，再经约2周可上盆种植或移植。

4. 栽培管理

（1）光照 一品红新株上盆和老株换盆，需用加肥腐叶土上盆。其喜光，须置于阳光充足处，但夏季最好移至稍阴处，侧方光照会使茎弯曲生长，影响株形，盆间不能太挤，以利通风，防止徒长。

（2）温度 一品红10月中旬就要移入室内，入室开始，要注意通风，减少内外温差，避免过多黄叶、落叶，影响开花。冬季白天保持20℃以上，晚上不低于15℃，否则不利于苞片形成。并且要天天转盆，保持均匀光照，防止枝条弯曲生长。

（3）浇水 一品红怕旱又怕涝，生长期须充分浇水，使土壤经常保持湿润，不宜过干过湿。如土壤湿度过大，常会引起根部发病腐烂；如土壤湿度不足，则导致落叶，因此要注意均匀浇水。

（4）施肥 一品红喜肥，生长初期适当控肥，生长旺季即4～9月每周施液肥1次，追肥以清淡为宜，忌施浓肥。花蕾出现后在接近开花时宜增施磷钾肥，促进苞片生长及苞片色泽鲜艳。

（5）修剪整形 一品红植株生长较快，须进行整形修剪，否则枝条过长影响其观赏效果。一般在基部留3～5节，其余剪去，促其抽发侧枝，待侧枝长15厘米时也可再行修剪1次。修剪至立秋前后结束，然后可进行攀扎作弯。攀扎作弯一般在枝条长约18厘米时开始，每次攀扎作弯前2天不要浇水，使其枝条略萎蔫，这样不易折断，操作在午后枝条水分较少时进行。先捏扭一下枝条，使之稍稍变软后再弯。可按不同的方向隔一段时间攀扎作弯1次，把枝条扭绑成左右盘旋的螺旋状，使植株变矮。最后一次攀扎作弯应在开花前20天左右。攀扎作弯时注意强枝应放在周围，弱枝应放在中间，强枝向下弯曲程度要大些，同时要防止折断枝条，以免造成"死弯"。通过攀扎作弯可使植株枝叶分布均匀，高矮一致，开花整齐，整个株形丰满美观。此外，用生长抑制剂如矮壮素、B9进行叶面处理，也可以达到缩短节间、矮化株型的目的。

（6）病虫害防治 一品红的病虫害有灰霉病、根腐病、茎腐病、叶腐病、软腐病、细菌溃疡病、病毒病及线虫等。灰霉病可用65%的代森锰锌800倍液防治。根腐病及茎腐病可用瑞毒霉、亿力灌根。叶腐病可用百菌清、甲基托布津防治。细菌性溃疡病可用农用链霉素、土霉素进行防治。线虫可用二氯丙烯和二氯丙烷的混合物与适量土掺拌施入土内。

十六、变叶木

1. 形态特征及习性

变叶木别名洒金榕，为大戟科、变叶木属多年生常绿、矮生小乔木或灌木。原产南洋群岛、印度及太平洋岛屿，我国广东、福建、台湾等地都有栽培。变叶木株高1～2米。单叶互生，叶形千变万化，卵圆形至线形，全缘或分裂达中脉，边缘波浪状，具有长叶、母子叶、角叶、螺旋叶、戟叶、阔叶、细叶七种类型，叶色五彩缤纷，有深绿、淡绿，其上有褐、橙、红、黄、紫、青铜等不同深浅的斑点、斑纹或斑块。叶有柄，厚革质。花小，黄白色。蒴果球形，白色（图5-20）。

图5-20 变叶木形态

变叶木性喜温暖、湿润、阳光充足的环境，不耐阴，不耐霜寒，怕干旱。夏季生长温度宜在30℃以上，越冬温度10℃以上。在强光、高温、较高空气湿度的条件下生长良好。对土壤要求不严，以土层深厚、黏重、肥沃、偏酸性土壤为好。

2. 用途

变叶木的叶色、叶形和叶斑变化丰富，为观叶花卉中的佼佼者，变叶木因在其叶形、叶色上变化显示出的色彩美、姿态美，在观叶花卉中深受人们喜爱。华南地区多用于公园、绿地和庭园美化，既可丛植，也可作绿篱，在长江流域及以北地区均作盆花栽培，装饰房间、点缀案头和厅堂以及布置会场。其枝叶是插花理想的配叶（图5-21）。

图5-21　变叶木用途

3. 繁殖

（1）**扦插繁殖**　变叶木扦插繁殖于5～9月进行，剪取8～10厘米长、生长粗壮的顶部新梢作插穗。剪取插穗时需要注意的是，上面的剪口在最上一个叶节的上方大约1厘米处平剪，下面的剪口在最下面的叶节下方大约为0.5厘米处斜剪，上下剪口都要平整（刀要锋利）。插穗洗去白汁，晾干后，插入温室沙床中，温床下应加湿。室温保持在25℃以上，3～5周生根，新叶长出后上盆栽植。

（2）**压条繁殖**　选取健壮的枝条，从顶梢以下15～30厘米处把树皮剥掉一圈，剥后的伤口宽度在1厘米左右，深度以刚刚把表皮剥掉为限。剪取一块长10～20厘米、宽5～8厘米的薄膜，上面放些淋湿的园土，像裹伤口一样把环剥的部位包扎起来，薄膜的上下两端扎紧，中间鼓起。在27℃条件下，4～6周后生根。生根后，把枝条边根系一起剪下，就成了一棵新的植株。

4. 栽培管理

（1）肥水管理　盆土用黏质壤土、腐叶土、河沙按6∶3∶1的比例混合配制。生长期间要充分浇水，保持盆土湿润，忌积水。除夏天适当遮阴外，其余季节光线越强，叶片的色彩越漂亮。每2～3周施复合肥1次，冬季加强养护，防寒防冻，成熟植株宜2年换盆1次，于5月上旬进行。除经常保持盆内湿度外，还要注意适当通风，以免因室温高、通风差发生病虫害。

（2）光照温度　变叶木喜阳光充足，不耐阴。室内应置于阳光充足的南窗及通风处，以免下部叶片脱落。变叶木属热带花卉，生长适温20～35℃，冬季不得低于15℃。若温度降至10℃以下，叶片会脱落，翌年春季气温回升时，剪去受冻枝条，加强管理，仍可恢复生长。

（3）病虫害防治　变叶木常见病害有黑霉病、炭疽病，应及时通风并用50%多菌灵可湿性粉剂600倍液防治。常见虫害有红蜘蛛、蚧壳虫，可喷洒1000倍液氧化乐果乳油防治。

十七、米兰

1. 形态特征及习性

米兰别名珠兰、树兰、米仔兰、鱼仔兰，为楝科、米仔兰属常绿灌木或小乔木。原产我国南部和东南各地以及亚洲东南部。米兰株高4～7米，多分枝。嫩枝常被星状锈色鳞片。奇数羽状复叶互生，叶绿而光亮，小叶3～5枚，倒卵形至长椭圆形。圆锥花序腋生，花小而繁密，黄色，形似小米，开花时清香四溢，气味似兰花。新梢开花，盛花期为夏秋季，花期5～12月。浆果，果期7月至翌年3月（图5-22）。

图5-22　米兰形态

米兰喜阳光充足，也耐半阴。喜温暖、湿润气候，不耐寒。宜疏松、富含腐殖质的微酸性壤土或沙壤土。能耐半阳，在半阳处开花少于阳光充足处，香味也欠佳。长江流域及其以北各地皆盆栽，冬季移入室内越冬，温度需保持10 ～ 12℃。米兰树姿秀丽、枝叶茂密，花清雅芳香似兰，叶片葱绿而光亮，深受人们喜爱。

2. 用途

米兰开放时节，香气袭人，现全国各地都有盆栽，既可观叶又可赏花。小小黄色花朵，形似鱼子，因此别名为鱼子兰。醇香诱人，为优良的芳香花卉，开花季节浓香四溢，可陈列于客厅、书房、门廊、会场、庭院等处，清新幽雅，舒人身心。落花季节又可作为常绿花卉陈列于门厅外侧及建筑物前。在南方庭院中，米兰是极好的风景树（图5-23）。

图5-23　米兰用途

3. 繁殖

（1）扦插繁殖　米兰扦插，于6～8月剪取一年生、长8～10厘米、成熟的顶端带叶嫩枝，剪去下部叶片，削平切口，插入消过毒的沙质插床上，浇透水后覆盖塑料膜保湿，置半阴处，每天换气1次，保持土面湿润，2个月左右即可生根。生根后1个月上盆。

（2）高压繁殖　高压繁殖在5～8月进行，但最好的时间是6月梅雨天气，此时高压成活率高，生根快，一般6月上旬高压的米兰，选一二年生的健壮枝环状剥皮，套上塑料膜，待切口稍干再在膜中填充苔藓、蛭石或湿土，将上下扎紧，80天左右即可生根，生根后在包裹物的下部剪断，先于荫蔽处缓苗，然后上盆即可。采用此法成活率高，成苗开花较快。

4. 栽培管理

（1）施肥　盆土用泥炭土2份、沙1份或者用园土、堆肥土各2份，加沙1份混合调制。春季开始生长后每2周施稀释的饼肥水1次，注意控制水量，5月上旬开始，施以1：5的蹄角片水稀释液1～2次，5月下旬施以1份骨粉加10份水的骨粉浸液1～2次，花前十几天施用1000倍的磷酸二氢钾水溶液1次，冬季停止施肥。

（2）浇水　平时保持盆土湿润，干旱和生长旺盛期每天叶面喷水1～2次。如遇阵雨，雨后要倾盆倒水，以防烂根。夏、秋季每天浇1次清水，冬季控制水分，不干不浇，以水分能够迅速渗透入盆土中，不积在盆土上为宜。

（3）光照　米兰四季都应放在阳光充足的地方。每天光照在8～12小时以上，会使植株叶色浓绿，枝条生长粗壮，开花的次数多，花色鲜黄，香气也较浓郁。如果在阳光不足而又荫蔽的环境条件下，会使植株枝叶徒长、瘦弱，开花次数减少，香气减淡。

（4）温度　米兰性喜温暖，温度越高，它开出来的花就越香。温度在30℃以上，在充足的阳光照射下，开出来的花具浓香。30℃以下又处在光照不足的荫蔽处，开出来的花就没有在温度高时的香。养好米兰，温度适宜范围在20～35℃之间，在6～10月期间开花可达5次之多。

（5）病虫害防治　病害常有叶斑病、炭疽病和煤污病危害，可用70%甲基托布津可湿性粉剂1000倍液喷洒或用500～1000倍液多菌灵喷洗。虫害有螨虫、蚜虫、红蜘蛛和蚧壳虫危害。红蜘蛛和蚧壳虫危害时，首先通风，可用1000～2000倍液乐果或吡虫啉类杀虫剂喷杀。螨虫、蚜虫可用蚜螨杀、蚜克死、蚜螨净等药物进行灭杀。

十八、白兰

1. 形态特征及习性

白兰别名巴兰、白兰花、缅桂、黄桷兰、黄桷树，为木兰科、含笑属常绿小乔木。原产东南亚地区，在我国西南地区广为栽培。白兰干皮灰色，新枝及芽绿色有绢毛，树冠阔卵形。单叶互生，全缘，叶片薄革质，卵状长椭圆形至卵状披针形，表面平滑有光泽。花单生于叶腋，白色有浓郁香味，花瓣披针形，有6～9瓣。花期4～9月（图5-24）。

图5-24　白兰形态

白兰喜阳光充足、温暖、湿润、通风良好的环境，不耐寒，土壤以富含腐殖质、排水良好的微酸性沙壤土为宜。根肉质，怕积水。

2. 用途

白兰碧叶玉花，花期长，有沁人的芳香，四季常青，姿态优雅，落落大方，是人们喜爱的木本花卉。在南方可露地庭院栽培及作行道树，是南方园林中的骨干树种。寒冷地区多盆栽布置庭院、厅堂、会议室。因其惧怕烟熏，应放在空气流通处。

白兰含有芳香性挥发油、抗氧化剂和杀菌素等物质，可以美化环境、净化空气、香化居室，而且从中提取出的香精油与干燥香料物质，还能够用于美容、沐浴、饮食及医疗。

3. 繁殖

（1）嫁接繁殖 嫁接以木兰作砧木，靠接时间，自春至秋，整个生长季皆可进行。以4～7月进行者为多。靠接部位以距离地面70厘米处为最好。绑缚后裹上泥团，并用树叶包扎在外面，防止雨水冲刷，经60天左右即能愈合，可与母株切离。靠接是较容易成活的一种方法，但不如切接的生长旺盛。

（2）压条繁殖

① 普通压条。压条最好在2～3月进行，将所要压取的枝条基部割进一半深度，再向上割开一段，中间卡一块瓦片，接着轻轻压入土中，不使折断，用"U"形的粗铁丝插入土中，将其固定，防止翘起，然后堆上土。春季压条，待发出根芽后即可切离分栽。

② 高枝压条。入伏前在母株上选择健壮和无病害的嫩枝条，于盆岔处下部切开裂缝，然后用竹筒或无底瓦罐套上，里面装满培养土，外面用细绳扎紧，小心不去碰动，经常少量喷水，保持湿润，翌年5月前后即可生出新根，取下定植。

4. 栽培管理

（1）肥水管理 盆栽的培养土用腐叶土4份、沙土1份及一些基肥配成，移栽上盆要带土球。生长季节每3～5天施1次腐熟的豆饼液肥，开花期每隔3～4天施1次腐熟的麻酱渣稀释液，花前还需补充磷、钾肥。春季出房后，以中午浇水为好，隔日1次，但每次必须浇足，盛夏时适当增加喷水次数。冬季应严格控制浇水，保持盆土湿润即可。

（2）光照温度 白兰能否安全越冬，温度是一大关键。进入"秋分"后白兰就应搬入室内，温度需维持在5～10℃，遇到气温过高时，要适当降温。白兰喜光，夏季可放置于有遮阴的花棚下，早晨掀开帘子，让其接受日照，9点钟后应盖好覆盖物，遮蔽阳光，特别要避免中午的强光直晒。白兰搬入室内后，要放在阳光充足处。

（3）整形修剪　盆栽白兰要选择适宜的高度，用修剪刀剪去顶芽及剪短部分侧枝。顶芽剪掉后以利于多长侧枝、多长花蕾、多开花。

（4）病虫害防治　防治炭疽病，可在发病期喷施75%百菌清可湿性粉剂800～1000倍液。防治蚜虫、蚧壳虫、红蜘蛛等，可喷施50%辛硫磷1000～1500倍液，连续2～3次，能有效防治。

第六章

常见仙人掌类、多肉多浆花卉的栽培

仙人掌类、多肉多浆花卉多数原产于美洲和非洲的热带或亚热带地区，为了适应这些地区的干旱少雨环境，植株的茎叶肥厚，成为肉质、多浆的形态，它们的叶、茎或根适于储存水分，能够在干旱季节维持生命。有的茎上尖针长短不一；有的茎肉质柔软；有的块茎肥硕，密被刺毛、柔毛；还有不少是茎叶斑斓，花色艳丽无比。

第一节 繁　殖

此类花卉可进行有性繁殖和无性繁殖。

1. 有性繁殖

此类花卉进行有性繁殖具有可提高生命力和创造新品种等优点，但是此类花卉由于雌雄蕊成熟时间不一致，往往花后不易结实，因此需储藏花粉等雌蕊成熟后进行人工授粉促使其结实。一般将秋天成熟的种子储藏到翌年春天播种，温室里可在3月播种。发芽适温为15～25℃，温度过高会显著降低发芽率，有的可延至秋天发芽。盆土不宜过满，先吸水，然后撒播，播后一般不覆土，盖上塑料薄膜或玻璃，玻璃上再盖半透明的白纸。20℃左右7～10天发芽。幼苗期间要特别注意防止病菌侵害。幼苗在冬季要保持10℃以上的温度，盆土保持湿润，幼苗期不休眠。从一粒种子开始，1年后可长成直径4厘米左右的球。但也有些种类生长缓慢。

2. 无性繁殖

此类花卉进行无性繁殖主要是利用嫁接和扦插的方式繁殖。

（1）嫁接 嫁接在气温15℃以上都可进行，但在20～25℃的条件下成活率高。嫁接的方法主要有平接和劈接两种方法，嫁接时选择生长势强、健壮而与接穗亲和力强的砧木。平接法适用于柱状或球形种类，嫁接时用锋利的刀将砧木上端横向截断，接着将柱棱切成斜面，然后将接穗基部平切一刀后对准砧木髓部接上去。接穗与砧木的切面必须平滑便于愈合。然后接上去密封，最后用塑料带进行扎缚，扎缚时松紧要均匀。嫁接后放在遮阴处，不可浇水，尤其伤口更不能碰到水。待到1～2周后可拆去塑料带，接着用浸盆法给水，直到吸到盆内的表土湿润为止。然后放在半阴处，待到接穗已经开始生长时移到阳光下。劈接法适用于蟹爪兰、仙人指等扁平茎节的悬垂性种类。先用刀将砧木上端横切，再在顶端或侧面的不同部位切几个楔形的裂口，接着将接穗下端两面削平并随时插进裂口，然后用细竹针插入以固定接穗。侧面的楔形裂口要切到砧木的髓部，使接穗和砧木的维管束连接而充分愈合。接好后放在阴凉处，伤口勿碰水，1周后便可愈合，之后放在有阳光处。

（2）扦插 一年四季皆可进行，但春、夏较为合适。在母株上选成熟的1～2节作接穗，用刀把它割下，割下后在伤口上涂抹少量木炭粉或硫磺粉。等到插穗稍晾干后，将插穗的1/4埋入湿润的沙床内。插穗插的不宜太深。待发根后再移种到盆内。

第二节 栽培管理

此类花卉在温室栽培，室内温度冬季不得低于5℃，夏季不得超过37℃，生长季节注意通风，具体栽培管理如下。

1. 培养土

此类花卉需要排水良好、透气、富含石灰质、不积水与不过分肥沃的沙壤土，培养土在使用前最好进行蒸汽消毒，冷却后使用。

2. 温度与光照

此类花卉在冬季维持5℃左右的温度就能安全越冬，并且盆土越干越耐寒，但冬季昼夜温差大则易产生冻害，一旦受到冻害，应使其逐渐暖和，切忌立即将其放在阳光下暴晒。在春季15℃以上的气温就开始生长，但是春季需要昼夜温差大，使其充分发育。此类花卉大多喜阳光充足，尤其在冬季更需要充足的阳光。在炎热的夏天气温达35℃以上时，有部分品种不喜强光，应进行遮阴喷水降温。一般高大的柱形及扁平的仙人掌类能耐较强的光线，夏季可放在室外不需遮阴，但较小的球形种类都应以半阴为宜，避免夏天阳光直射。

3. 水肥

一般是在冬季休眠期应节制浇水，保持土壤不过分干燥即可，温度越低更应保持盆土干燥，通常在冬季1～2周浇水1次，宜在晴天午前进行。随着气温的升高，植株逐渐解除休眠，可逐渐地增加浇水次数。在4～10月的生长季节，要充分浇水，气温越高浇水量越多，浇水掌握"不干不浇，干透浇透"的原则。浇水时应注意不要将水倾注在凹处或溅在植株的纤细长毛上。

第三节 实 例

一、蟹爪兰

1. 形态特征及习性

蟹爪兰别名锦上添花、圣诞仙人掌、蟹爪莲、仙人花，为仙人掌科，蟹爪兰属附生多年生常绿花卉。植株常呈悬垂状，嫩绿色，老茎基部常木质化，枝茎变态呈叶片状，分枝多，呈节状，节部明显，节间短，使变态枝分成许多小段，每段短矩形或倒卵形，边缘少量粗钝齿，中央髓部明显突出，叶状枝呈鲜绿色。刺座上有刺毛，花着生于茎节顶部刺座上。常见栽培品种有大红、粉红、杏黄和纯白色。因节茎连接形状如螃蟹的副爪，故名蟹爪兰。冬春季开花，5～6月果实成熟，蒴果梨形，深红色（图6-1）。

图6-1 蟹爪兰形态

喜温暖湿润和半阴环境。不耐寒，冬季室温不得低于10℃。怕烈日暴晒，冬季前后可见全光，较耐旱，怕水涝。适宜排水良好、疏松、富含腐殖质的沙质壤土。

2. 用途

蟹爪兰株型垂挂，花色鲜艳可爱，开花正逢圣诞节、元旦，适合于窗台、门庭和展览大厅等处装饰。

3. 繁殖

蟹爪兰常用扦插和嫁接繁殖。以嫁接繁殖为好。

（1）**扦插繁殖** 扦插全年均可进行，以春、秋季为宜。如温度适宜，冬季也可进行，但须加塑膜保温。剪取肥厚变态茎1～2节，放置在通风处1～2天，之后插于消毒后的沙床内，生根容易。

（2）**嫁接繁殖** 砧木宜选用耐寒且生长健壮的仙人掌、量天尺（三棱箭）。用仙人掌作砧木可选用25厘米长、健壮的一节仙人掌，将其顶部切出楔状切口，将削好的接穗插入切口，为防脱落，用手将两者结合处按住，用大头针或仙人掌刺穿刺接合处，将接口固定，然后用细线等绑扎物捆紧。三棱箭作砧木，三棱箭30厘米，三棱上分3层进行嫁接，将插穗下部两侧各斜切一刀成鸭嘴形，插入切口，接穗插入易滑出，可用仙人掌刺扎入固定。嫁接后放阴凉处，若接后10天接穗仍保持新鲜挺拔，即已愈合成活。

4. 栽培管理

（1）培养土　培养土以沙质壤土为佳。最好是山泥、腐殖土、菜园土等量掺用，并拌入适量发酵过的有机肥、骨粉或过磷酸钙等作基肥，还可掺入少量草木灰，使pH值呈中性。

（2）肥水管理　蟹爪兰每年有2次旺盛生长期和2次半休眠期，须根据这一生长规律浇水施肥。春季蟹爪兰进入第一次旺盛生长期，浇水要从半月、1周逐步过渡到3～5天1次，盆土以见干见湿而稍湿为好。同时10天左右施1次以氮为主的全素复合肥，薄肥勤施。盛夏当气温达30℃以上时，植株呈半休眠状态，要停肥，少浇水，盆土见干见湿，以偏干为主。秋季进入第二旺长期，此期以生殖生长为主，水可稍多一些，盆土见干见湿，以稍湿为宜。但10月上中旬应偏干一些，以利孕蕾。从立秋到盛花前，施以磷为主的全素复合肥，10天左右1次，并适当放在阳光较多的地方，促进花芽分化。冬季盛花期停肥，水也应少浇。花后施1次以氮为主的液肥，补充花期的消耗。

（3）光照温度　蟹爪兰为短日照花卉，要想早日开花，可提前2个月，把它移入暗室内或用黑色布盖起来进行遮光，每天只有8小时的光照，每天控制水量和土壤湿润，2个月后即可开花。花期要停止追肥，少浇水，保持15℃以上，以利植株生长。嫁接苗长起后，用支架进行支撑造型。

二、石莲花

1. 形态特征及习性

石莲花别名莲花掌、宝石花、石莲掌，为景天科、石莲花属多年生肉质草本花卉。原产墨西哥，现世界各地均有栽培。石莲花茎短粗，多分枝，<u>丛生</u>，圆柱形，节间短，柔软，肉质，茎有苞片且带白霜。叶片直立，肥厚，排列紧密成莲座状，倒卵形，先端尖，无毛，灰绿色，表面被白粉，略带紫色晕，平滑有光泽，似玉石。花梗自叶丛中抽出，总状聚伞花序顶生，着花8～24朵，花萼5，粉绿色，花瓣5，粉红色，花期4～6月（图6-2）。

图6-2 石莲花形态

石莲花性喜温暖环境，喜充足光照，耐干旱，怕涝。适宜疏松、排水良好的泥炭土或腐叶土加粗沙混合壤土。

2. 用途

石莲花因莲座状叶盘酷似一朵盛开的莲花而得名，被誉为"永不凋谢的花朵"。石莲花株形奇特，肥厚如翠玉，姿态秀丽，宛如玉石雕刻成的莲花座，华丽雅致，四季碧翠，深受大家的喜爱。在热带、亚热带地区可露地配植或点缀在花坛边缘、岩石孔隙间，北方则盆栽观赏，置于桌案、几架、窗台、阳台等处，充满趣味，如同有生命的工艺品，是近年来较流行的小型多肉花卉之一。

3. 繁殖

（1）扦插繁殖 石莲花的繁殖主要采取叶片扦插法，一般在春、秋季把完整的成熟叶片平铺在湿润的沙土上，叶面朝上，叶背朝下，不用覆土，再放置在阴凉处，10天左右叶片基部即可长出小叶丛和新根。也可从老株上剪取萌蘖的新株扦插，都极易成活。在20～24℃和湿润的条件下，约半月即可生根萌芽。

（2）分株繁殖　石莲花分株繁殖即把根茎处萌发的小苗掰下，直接栽于盆中即可。用粗沙和壤土等份混合作盆土，扦插苗上盆成活后给予充足光照，适当追施0.3%尿素澄清液肥，每2～3年换盆1次，换盆时施放占盆土5%的饼肥和0.5%的骨粉作基肥。越冬温度在5℃以上。

4. 栽培管理

（1）施肥　在北方宜温室盆栽。每年3、4月间换盆1次，加些磷肥。平时不施肥也可以，它虽然是耐阴花卉，但时间过长，叶片会稀瘦而失去原来的风采。生长期每月施肥1次，以保持叶片青翠碧绿。但施肥过多，也会引起茎叶徒长，2～3年生的石莲花，植株趋向老化，应培育新苗及时更新。

（2）浇水　生长期以干燥环境为好，不需多浇水。盆土过湿，茎叶易徒长，反使观赏期缩短。特别冬季在低温条件下，水分过多根部易腐烂，变成无根植株。盛夏高温时，也不宜多浇水，可少些喷水，切忌阵雨冲淋。

（3）光照温度　石莲花喜温暖干燥和阳光充足的环境，但怕烈日曝晒。长期放荫蔽处的植株易徒长而叶片稀疏。冬季入室保温，室温在5℃以上石莲花处于半休眠状态，应严格控制浇水，温度在10℃以上时可缓慢生长。

（4）病虫害防治　石莲花易受根结线虫、锈病、叶斑病、黑象甲等危害。黑象甲可用25%西维因可湿性粉剂500倍液喷杀。根结线虫用3%呋喃丹颗粒剂防治。锈病和叶斑病可用75%百菌清可湿性粉剂800倍液喷洒防治。

三、昙花

1. 形态特征及习性

昙花别名琼花、月下美人，为仙人掌科、昙花属多年生常绿多浆花卉。老枝无刺圆柱形，茎不规则分枝，茎节叶状扁平，边缘具波状圆齿。无花梗，花大而长，生于叶状枝的边缘，花萼筒状，红色；花重瓣，纯白色，花瓣披针形。每朵花花期仅数小时（图6-3）。

图6-3　昙花形态

昙花喜温暖湿润及半阴通风的环境，不耐暴晒，不耐寒。要求排水透气良好、富含腐殖质的沙质壤土。昙花的开花季节一般在6～10月，开花的时间一般在晚上8点钟以后，盛开的时间只有2～5个小时，非常短促。

2. 用途

昙花是著名的观赏花卉，它高雅、洁白、娇媚，高傲地仰着头，绽放开来。整个花朵优美淡雅，香气四溢，光彩照人。

3. 繁殖

昙花采用扦插和嫁接方法进行繁殖。

（1）**扦插繁殖**　在高温的条件下一年四季皆可进行扦插，但以5月上旬扦插成活率高。剪下片状枝后，将基部削平，插入素沙的插床中，保持含水量65%左右，1个月左右即可生根。

（2）**嫁接繁殖**　嫁接用仙人球作砧木，球顶用酒精消毒后削去2～3块皮层，在削去皮层的中间部分，再用消毒的小刀向下插一个小口，刀口深度和宽度与接穗大小相符合。选2～3个当年生的、生长健壮的昙花茎节作接穗，将茎节两边用消毒的刀子削成舌形，从刀口插入仙人球的接口，再用针刺固定，接后放在阴凉通风处7～10天可愈合，20天后可放在散射光处养护。

4. 栽培管理

（1）肥水管理　昙花培养土以沙土和腐叶土配成。生长期间宜经常施用麻枯水，也可加施少量的人畜粪尿，若在肥液中加入少量的硫酸亚铁，可使扁平的肉质茎浓绿发亮。浇水掌握见干见湿的原则，避免根系沤烂。开花前后应加强肥水管理，以磷、钾肥为主，追施5%的磷酸二氢钾。

（2）光照温度　夏季避免烈日曝晒，应适当遮光。冬季转入温室培养，可直射光照射，但水要少浇并停止追肥。昙花在夜晚开花，为让人们在白天欣赏到昙花开花，可采用"昼夜颠倒"法，当昙花花蕾膨大时，白天把昙花置入暗室不让见光，夜晚用灯光照射，一直处理到开花时，昙花就在白天开放了。

（3）病虫害防治　昙花易受红蜘蛛、蚧壳虫危害。如有发生，应及时用低浓度的氧化乐果或三氯杀螨醇药液防治。

四、令箭荷花

1. 形态特征及习性

令箭荷花别名荷令箭、红孔雀，为仙人掌科、令箭荷花属多年生草本花卉。植株基部圆形，鲜绿色，多分枝，叶退化，茎扁平披针形，形似令箭，边缘略带红色，有粗锯齿，锯齿间凹入部位有细刺（即退化的叶），中脉明显突起。单花着生于茎先端两侧，花大、呈钟形，花被开张，反卷，花丝及花柱均弯曲，不同品种直径差别较大，花外层鲜红色，内面洋红色，栽培品种有红、黄、白、粉、紫等多种颜色，花期春夏季白天开放，单花开放 1～2 天（图6-4）。

令箭荷花喜光照和通风良好的环境，但在炎热、高温、干燥的条件下要适当遮阴，怕雨水。喜肥沃、疏松、排水良好的土壤条件，有一定的抗旱能力。

2. 用途

令箭荷花以娇丽轻盈的姿态、艳丽的色彩和幽郁的香气，深受人们喜爱。它在盛夏时开花，是窗前、阳台和门厅点缀的佳品。

图6-4 令箭荷花形态

3. 繁殖

（1）扦插繁殖 令箭荷花繁殖，一般采用扦插法，全年均可进行，以6～7月扦插成活率最高。于开花后剪取组织充实的茎为插穗，将叶状枝于基部切取整个叶片，先晾1～2天，剪口干燥收口时再插入事先准备好的沙床中，插入2～3厘米深，插好后喷水，置于阴凉处，1周后逐渐加以散射光锻炼，1个月可全部生根成活，然后分栽于小盆中，加强养护，2～3年可孕蕾开花，有的翌年即可开花。

（2）分株繁殖 令箭荷花多年生老株下部萌生形成的枝丛多，也可用分株繁殖。

4. 栽培管理

（1）换盆 盆栽令箭荷花每2年换盆1次，以春季为好，盆土要求疏松、肥沃、富含有机质、排水良好的培养土，换完盆需遮阴养护，然后置于阳光下生长。盛夏要进行遮阴，避免叶片因光照强度过大造成危害。雨天要移入室内。

（2）肥水管理 令箭荷花喜肥，生长期要用腐熟的饼肥、麻酱渣或蹄片水兑水稀释浇施，每半月浇1次。但施用氮肥过多或过分遮阴则易引起徒长，影响开花，应节制肥水，适当多见些阳光，孕蕾期间增施磷、钾肥。盆栽令箭荷花的盆土要偏干一些，盆土不干不浇。

（3）光照温度　夏季高温季节要避免暴晒，置盆于阴凉而不受直射阳光照射之处，为了提高湿度，可向周围地面喷水。入冬前将盆搬入室内，放置在阳光充足之处，室温能保持在 10 ~ 15℃即可，温度太高容易引置起植株徒长，不利于开花，又影响株型美观。

（4）抹芽促花　为保证开花旺盛，还应在生长期及时抹去过多的侧芽及基部的枝芽，减少养分消耗。

五、仙人球

1. 形态特征及习性

仙人球别名花盛球、草球，为仙人掌科、仙人球属多年生肉质多浆草本花卉。幼时茎呈球形或椭圆形，老时呈柱状，高可达75厘米，绿色，球体有纵棱若干条，棱上刺点单行整齐排列，生茶色刺，长短不一，呈辐射状，主球茎基盘萌发子球。花着生于纵棱刺丛中，花大型，呈长喇叭形，长可达24厘米，喇叭形花筒外被鳞片，鳞片腋部有长毛。仙人球开花一般在清晨或傍晚，持续时间几小时到1天。球体常侧生出许多小球，形态优美、雅致（图6-5）。

图6-5　仙人球形态

仙人球喜光，但夏季需遮阴。喜干、耐旱，怕冷和水湿，冬季要移入中温温室。对土壤要求不严，耐贫瘠，在砾石土中也能生长，但在肥沃疏松、透气保水性好的沙质土壤中生长迅速。夏季是仙人球的生长期，也是盛花期。

2. 用途

仙人球是一种茎、叶、花均有较高观赏价值的花卉，可在植物园或公园的展览温室中布置热带沙漠景观，也可盆栽观赏，而通过水生诱变技术培育出的水培仙人球，既可以观赏到它那白嫩嫩的根系，又可以看到那游弋于根系间可爱的小鱼，的确赏心悦目，是水培花卉的艺术精品（图6-6）。

图6-6 仙人球用途

3. 繁殖

仙人球繁殖可采用播种、扦插、分球、嫁接等方法，应根据各种仙人球的繁殖习性选择方法。

（1）**播种繁殖** 开花结实多的仙人球可采用播种方法，但要保证高温下生长才可获得种子。播种在浅盆中进行，用盆底浸水法将土壤浇湿，播种，不覆土，盖上玻璃，置于温室内，1周后就有可能发芽。当小球长到绿豆大小时即可移栽，盆土不宜过湿，栽植要浅，栽后遮阴，若要植株生长快，小球长到2～3厘米时便可嫁接。

（2）**嫁接繁殖**　一些繁殖困难的种类和一些要求生长迅速的种类均采用嫁接繁殖，多采用平接法，选用仙人球、三棱箭等生长旺盛的植株作砧木，将砧木顶部平切，再在接穗下部平切一刀，将接穗与砧木髓的正中密接，最后用线绳或塑料条绑扎好，一般嫁接1～2周后即可成活，成活后要及时解除绑扎物。

（3）**扦插繁殖**　有些品种的子球能扦插、分株成活的，可采用扦插繁殖方法，生长季中，切下子球晾2～3天后插入洗净的沙中，插后喷水，沙土微湿，逐渐生根成活。近根基茎生长的子球多年生长已生出大量根系，可将其与母株切分开，带根种植成活率高，生长较扦插苗快。

4. 栽培管理

（1）**盆栽**　仙人球栽培土采用腐殖土5份，加沙3份、砻糠灰2份，如果再加少许骨粉更好，搅拌均匀就可以种植。上盆宜在早春进行，盆大小以能容纳球体并有一定空隙为宜，上盆前，盆下宜放些石子瓦砾以利透水。刚栽植不宜浇水，每天喷水2次保湿，1周后可浇水。

（2）**水肥管理**　在养护中切不可多浇水，勿使盆土过湿，宁干勿湿，尤以冬季和夏季休眠期，更应节制浇水，沿盆沿浇水，一些顶部凹进的、有毛的仙人球，不要往球体上浇水，以免生长点腐烂或影响美观。仙人球生长开始，每半个月施1次肥，最好施氮磷钾混合肥料。

（3）**光照温度**　仙人球要适当遮阳，切勿烈日暴晒。冬季要把盆栽仙人球移入室内，温度不得低于10℃。及时除掉砧木生长出的子球或侧枝。

六、芦荟

1. 形态特征及习性

芦荟别名油葱、狼牙掌、草芦荟、龙角等，为百合科、芦荟属多年生肉质高大多浆草本花卉。原产南非和亚洲西南部、印度等地。芦荟体型奇特，叶基出，具有高莲座的簇生叶，呈螺旋状排列，披针形，绿色，叶片肥厚狭长，多汁，边缘有刺状小齿。夏、秋季开花，总状花序自叶丛中抽出，小花密生于花茎上部，花梗长，花管形，橙黄色并具有红色斑点，极为醒目。很少结实（图6-7）。

我国云南南部有野生芦荟，一般于室内栽培。芦荟喜阳光充足、温暖、秋冬干燥、春夏湿润的环境，抗旱，不耐阴，生长期间宜稍湿，休眠期宜干燥。喜肥沃、排水良好的沙质壤土。

图6-7　芦荟形态

2. 用途

芦荟四季常青，可盆栽观赏，适合布置厅堂。温暖地区可露地栽培，作庭园布置。其根、叶、花均可入药。

3. 繁殖

（1）**扦插繁殖**　芦荟扦插是利用不带根芦荟主茎和侧枝的下端可以发生不定根的特性，分离繁殖芦荟新的植株，这对于分株发达和茎节容易伸长的品种特别适宜。在去除顶芽以后，侧芽迅猛地发育，长成的很多分枝可以用作扦插繁殖材料。芦荟扦插可以露地进行，也可以在大棚保护地或温室内进行。露地扦插可以利用露地床进行大量繁殖，依季节不同，可以适当地采取塑料覆盖保护或阴棚遮阴等措施，促进芦荟枝条发根和不定芽产生，以提高扦插苗的成活率。

（2）**分株繁殖**　分株繁殖在芦荟整个生长期中都可进行，但以春秋两季作分株繁殖时温度条件最为适宜。春秋分株繁殖的芦荟新苗返青较快，易成活，只要土床保持良好的通气透水状态，芦荟分株苗很快可以恢复生长。将过密母株结合换盆进行分株栽植，分株时尽量使每个植株上多带些根，若无根的植株先将其放置一两天后，再插入沙质混合基质中，形成独立生活的芦荟新植株。

4. 栽培管理

（1）**定植管理**　芦荟于春季3～4月或秋季9～11月均可定植，用10～20厘米高的分株苗或扦插苗，每畦种2行，每穴栽1株。定植时将根舒展，覆土压紧，如土壤干燥时需浅水定根，并用小树枝作临时遮阴。

（2）**肥水管理**　夏季宜半阴通风，勤浇水而不使积水，其余季节适当控制水分以免引起根腐病。2～3年换盆1次，一般在4月进行，盆土以1份腐殖质土、1份园土、1份粗河沙加少量腐熟的禽肥及研细的骨粉混合而成。上盆后缓苗期尽量少浇水。为了促进植株的生长，要及时施肥，以腐熟有机肥为主结合化肥。每年施化肥3～4次。

（3）**光照温度**　芦荟是热带、亚热带喜光花卉，生长要求有充足的阳光。芦荟喜温怕冷，当气温降低至15℃时即停止生长，降至0℃以下时开始死亡，冬季温室温度不低于5℃即可安全过冬。

（4）**病虫害防治**　芦荟褐斑病苗期喷洒77%可杀得可湿性粉剂，或75%百菌清可湿性粉剂1000倍液，每15～20天喷1次，1年内喷3～4次。叶枯病发病初期喷洒27%铜高尚悬浮剂600倍液或1100倍式波尔多液或75%达科宁（百菌清）可湿性粉剂600倍液。发生蚧壳虫、红蜘蛛时注意要改善通风状况，防治蚧壳虫可人工剔除或用有机油乳剂50倍液喷杀。

七、倒挂金钟

1. 形态特征及习性

倒挂金钟别名吊钟海棠、灯笼海棠、吊钟花、灯笼花，为柳叶菜科、倒挂金钟属常绿灌木状多年生草本花卉。原产秘鲁、智利、墨西哥等中南美洲凉爽的山岳地带。倒挂金钟株高可达1米，茎浅褐色，光滑无毛，小枝弱且下垂。单叶对生或三叶轮生，卵状，叶缘有疏锯齿。花两性，单生于嫩枝先端的叶腋处，花梗较长，作下垂状开放，萼筒圆锥状，4片向四周裂开翻卷，质厚，花萼颜色为红、粉、白、紫等色。花瓣也有红、粉、紫等色，雄蕊8枚伸出于花瓣之外。花期4～7月（图6-8）。

图6-8　倒挂金钟

倒挂金钟喜冬暖夏凉，喜空气湿润，不耐烈日曝晒，怕炎热，不耐水湿，忌雨淋。生长期要求15℃左右的气温，低于5℃易受冻害，高于30℃时生长恶化，处于半休眠状态。要求含腐殖质丰富、排水良好的肥沃沙质壤土。

2. 用途

倒挂金钟朵朵成束，好似铃铛吊挂，花白粉色，娇嫩媚人，晶莹醒目。花期正值元旦、春节，长期以来作为吉祥的象征，为广东一带传统的年花，是节日里大型插花所不可缺少的材料。倒挂金钟花形奇特、花色鲜艳、极为雅致，适合室内盆栽观赏，用于装饰阳台、窗台、会场、书房等，也可吊挂于防盗网、廊架等处观赏。

3. 繁殖

（1）播种繁殖　倒挂金钟易结实的种类，可用播种法繁殖。播种繁殖需辅助人工授粉，果实成熟后，秋季在温室盆播，约15天发芽，翌年开花。

（2）**扦插繁殖**　倒挂金钟扦插繁殖全年均可，一般于1、2月及10月进行，生根较快。采集一年生生长充实的顶端嫩枝扦插，剪取5～8厘米，每枝留3～4个节，留顶部叶片，其余叶片去掉以减少蒸腾，插于沙床中，放置于阴凉处，控制温度为15～20℃，注意保持湿度，插后10～12天即可生根，生根后及时上盆，否则根易腐烂。

（3）**压条繁殖**　选取健壮的枝条，从顶梢以下15～30厘米处把树皮剥掉一圈，剥后的伤口宽度在1厘米左右，深度以刚刚把表皮剥掉为限。剪取一块长10～20厘米、宽5～8厘米的薄膜，上面放些淋湿的园土，像裹伤口一样把环剥的部位包扎起来，薄膜的上下两端扎紧，中间鼓起。4～6周后生根。生根后，把枝条边根系一起剪下，就成了一棵新的植株。

4. 栽培管理

（1）肥水管理　盆土配制可按园土、腐叶土、河沙4∶4∶2的比例调配。因倒挂金钟生长快，开花次数多，故在生长期间要掌握薄肥勤施，约每隔10天施1次稀薄饼肥或复合肥料，开花期间也应每月施1次以磷、钾为主的液肥，但高温季节停止施肥。施肥前盆土要偏干，施肥后用细喷头喷水1次，以免叶片沾上肥水而腐烂。浇水要见干见浇，浇而透，切忌积水。由于倒挂金钟怕炎热，因此盛夏应经常用水喷洒叶面及周围地面，降温增湿。

（2）光照温度　为了保持倒挂金钟株型丰满，在生长期应经常变换位置，使植株受光均匀，以免偏向一方，破坏株型。但在开花期间应少搬动，不然会引起落蕾落花。倒挂金钟生长的温度为10～28℃，夏天的温度不能超过30℃。冬天要求阳光充足，培养温度不能低于5℃，否则就会引起冻害，必须采取保温措施。另外，无论冬天或夏天都要注意通风。

（3）整形修剪　倒挂金钟生长过程中不易分枝，为使植株丰满，可多次摘心促进植株分枝，同时不断抹去下部长势较弱的侧芽，使生长旺盛，开花繁多。倒挂金钟在生长期中趋光性强，应经常转盆以防植株形态长偏。

（4）病虫害防治 倒挂金钟受白粉虱、蚜虫、蚧壳虫危害，要注意保持空气流通，并及时喷25%的氧化乐果乳油1000倍液防治。用20%莠锈灵乳油400倍液喷洒防治锈病，用10%抗菌剂401液1000倍液施入土壤防治枯萎病。

八、长寿花

1. 形态特征及习性

长寿花别名矮生伽蓝菜、十字海棠、圣诞伽蓝菜，为景天科、伽蓝菜属多年生常绿多浆花卉。植株光滑，茎直立，株高10～30厘米，茎基部常木质化。叶肉质交互对生，椭圆状长圆形，近全缘，深绿色有光泽，边略带红色。圆锥状聚伞花序，花朵较小，簇拥成团。花色有粉红、桃红、橙红、黄、橙黄和白等。花冠长管状，基部稍膨大，花期12月到翌年4月底，蓇葖果，种子多数（图6-9）。

图6-9 长寿花

长寿花喜阳光充足、耐干旱，但夏季高温超过30℃，则生长迟缓；冬季低温低于5℃，则叶片发红，花期推迟，0℃以下受害。对土壤要求不严，以排水良好、肥沃的沙壤土上生长为好。长寿花为短日照花卉，对光周期反应比较敏感，冬春季开花。

2. 用途

长寿花植株株型紧凑，小巧玲珑，叶片翠绿，花朵密集，是冬春季理想的室内盆栽花卉。花期正逢圣诞、元旦和春节，可用作布置窗台、书桌、案头，也可装饰公共场所的花槽、橱窗和大厅等，其整体观赏效果极佳（图6-10）。

图6-10　长寿花用途

3. 繁殖

长寿花繁殖方法以播种、扦插为主。

（1）播种繁殖　播种繁殖多采用杂交授粉获得种子，随采随播，因播种苗变异较大，多用于培育新品种。

（2）扦插繁殖　通常采用扦插繁殖的方法，春秋季剪取带3～5片叶的小枝或茎段，剪取5～6厘米长，插于沙床中，浇水后用薄膜盖上，室温在15～20℃，插后半个月左右即可成活，30天能盆栽。将带叶柄的叶片斜插入沙床中，每隔2～3天浇1次水，3周左右即可在叶柄切口处发根并长出新芽。另外，将带花序的枝条剪下进行扦插，也能生根成活并继续开花。

4. 栽培管理

（1）浇水　长寿花盆土宜用沙土和腐叶土配成。浇水"见干见湿"，不可过湿，否则易烂根，在稍湿润环境下生长较旺盛，节间不断生出淡红色气生根。过于干旱或温度偏低，生长减慢，叶片发红，花期推迟。

（2）施肥　生长期内每1～2周浇液肥1次，促使植株健壮。盛夏要控制浇水，注意通风，若高温多湿，叶片易腐烂，脱落。

（3）光照　一年四季均应将植株放在有直射阳光的地方养护，光线不足，枝条细长，叶片薄而小，甚至大量叶片脱落，开花的植株如长期置于阴暗处，开始时花色暗淡，继而枯萎脱落。同时，在长寿花的栽培过程中，可利用短日照处理来调节花期，达到全年提供盆花的目的。另外在养护过程中要经常进行转盆，保证受光均匀，植株生长匀称、株形美观。

（4）温度　冬季温度要保证室温白天15～18℃，夜里10℃。花后及时将残花修剪，以免消耗养分，春季每年换盆1次。

九、虎刺梅

1. 形态特征及习性

虎刺梅别名铁海棠、虎刺、麒麟刺、龙骨花，为大戟科、大戟属多年生灌木状多浆花卉。株高可达1米，茎黑色，嫩枝带绿色，肉质且多棱。茎具硬刺，呈棍棒状，节部不明显，侧枝生出方向没有规律，纵横交错，茎棱上有疣点，疣点上有坚硬的直刺，刺布满全身，全身具乳汁。小叶片着生新枝顶端、倒卵形，叶面光滑、鲜绿色。聚伞花序生于枝顶，先端分叉，花有长柄，有2枚红色或白色苞片，呈扁扇状，似花瓣。四季开花，不结实（图6-11）。

虎刺梅喜温暖湿润和阳光充足的环境。耐高温，不耐寒，不耐阴。温度低于10℃进入半休眠状态，14℃以上仍能开花。对土壤要求不严，耐瘠薄，耐干旱，怕水渍，适于疏松、排水良好的沙性土壤。

图6-11 虎刺梅形态

2. 用途

虎刺梅浑身长刺，开花期长，红色苞片，鲜艳夺目，是优良的室内盆栽花卉。由于虎刺梅幼茎柔软，常用来绑扎孔雀等造型，加工制作盆景。

3. 繁殖

虎刺梅主要用扦插繁殖。整个生长期都能扦插，多在温室中进行，选取上年成熟枝条，剪成10～14厘米一段，以顶端枝为好，为防止乳汁外溢，用草木灰将伤口封住，然后晾1～2天，伤口变干后即插入盆中，同时把叶片、花摘去，2～3天后浇水，放于遮阴处养护，待长出新叶后再移到阳光下，插后约20天可生出新根。

4. 栽培管理

（1）肥土 盆栽每年春季换盆，浇水不宜过多。虎刺梅可用培养土垫蹄角片作基肥，生长期每隔半个月施肥1次，立秋后停止施肥，忌用带油脂的肥料，防根腐烂。

（2）浇水 夏秋生长期需充足的水分。冬季温度低，叶片脱落，进入休眠期，应保持盆土干燥。

（3）修剪整形 虎刺梅枝条不易分枝，会长得很长，开花少，姿态凌乱，影响观赏，故每年必须及时修剪，使多发新枝，多开花，一般枝条在剪口后，可生出两个新枝。植株生长过于拥挤茂密时，可在春季萌发新叶前加以修剪整株。

（4）光照　虎刺梅喜光，花前阳光越充足，花越鲜艳夺目，经久不谢，光照不足，则花色暗淡，长期置阴处，则不开花。

十、龙舌兰

1. 形态特征及习性

龙舌兰别名龙舌掌、番麻，为龙舌兰科、龙舌兰属多年生常绿草本花卉。原产美洲墨西哥沙漠地带，在我国台湾、华南、云南均有野生。龙舌兰植株高大，茎短，叶丛生，披针形，肉质肥厚，先端有尖刺，边缘有锯齿，簇生于基部排列成莲花座状，灰色或蓝绿色带白粉。根据叶缘条纹颜色又有金边龙舌兰（叶缘带黄色条纹）、绿边龙舌兰（叶缘为淡绿色）、银边龙舌兰（叶缘呈白色或淡粉红色）、狭叶龙舌兰（叶窄，中心带奶油色条纹）、金心龙舌兰（叶中央带淡黄色条纹）等变种。一般十余年后自叶丛抽出高大花茎，穗状或总状圆锥形花序顶生，花多，淡黄或黄绿色，肉质，只有异花授粉才能结实。蒴果球形（图6-12）。

图6-12　龙舌兰形态

龙舌兰喜阳光充足、冷凉干燥环境，不耐阴，不耐寒。气温在5℃以上时可露地栽培。喜肥沃、湿润、排水良好的沙质壤土。耐寒力强。

2. 用途

龙舌兰叶片挺拔美观，终年翠绿，株形高大雄伟，极似一幅美丽的风景画，常盆栽陈设于厅、堂、庭园或花槽观赏，也可作五色草花坛的顶子。栽植在花坛中心、草坪一角，也能增添热带氛围。大盆的龙舌兰有着雄壮威武的感觉，摆在阳台或者落地窗前，感觉非常大气。现代简约的家居，放置小巧的龙舌兰在电脑桌的书架上，或者是电视旁边，能为室内环境增色不少（图6-13）。

图6-13　龙舌兰用途

3. 繁殖

（1）分株繁殖　龙舌兰易生蘖芽，因此主要采用分株或分根繁殖。春秋季结合翻盆切取母株旁萌生的幼苗上盆，或切取带有4～6个吸芽的根茎栽植，或花后摘取花序上的不定芽长成的植株栽植。如果萌蘖苗没有生根，可插在沙土中生根后再栽入盆中。也可以在春季换盆或移栽时，切取带有4～6个芽的一段根株盆栽。

（2）**播种繁殖**　龙舌兰播种通过异花授粉才能结果，采种后于4～5月播种，种子的发芽最佳温度夜间为15℃以上，白天30℃左右，若夜间温度低于10℃，播后要在盆面盖上透明的玻璃片进行保温保湿，播后约2周后发芽，幼苗生长缓慢，成苗后生长迅速，10年生以上老株才能开花结实。

4. 栽培管理

（1）**肥水管理**　施肥的次数以每年1次为宜，切勿经常喷洒肥料，否则容易引起肥害。生长期间必须给予充分的水分，才能使其生长良好。除此之外，冬季休眠期中，龙舌兰不宜浇灌过多的水，否则容易引起根部腐烂。注意通风，浇水时从盆子边缘慢慢注入，以免烂叶。

（2）**光照**　龙舌兰非常能适应日照充沛的环境，若环境中的阳光不够充足时，常会使植株的生长不好，失去它原有的英姿。因此，尽量提供充足的日照，如此才能有益于龙舌兰的生长。龙舌兰盆栽要室内越冬，每年春夏时节再放到室外光线好的地方。

（3）**温度**　龙舌兰生长的适宜温度是15～25℃，冬季停止生长时，温度保持在5℃左右即可。因此温度过低时，宜移到室内养护，其余时间则可在户外栽培。每年春季换1次盆，换盆时除去死根。

（4）**病虫害防治**　龙舌兰常会受到蚧壳虫危害，可喷40%氧化乐果乳剂1000～1500倍液，每10天喷1次，连续喷几次，即可防治，或用80%敌敌畏乳油1000倍液喷杀防治。平时注意通风可减少虫害发生。发生叶斑病、炭疽病和灰霉病，可用50%退菌特可湿性粉剂1000倍液喷洒。

第七章

常见水生花卉的栽培

水生花卉种类繁多，是园林、庭院水景观赏花卉的重要组成部分。按照水生观赏花卉的生活方式与形态特征分为以下四大类。

（1）挺水型水生花卉（包括湿生与沼生）植株高大，花色艳丽，绝大多数有茎、叶之分；根或地下茎扎入泥中生长发育，上部植株挺出水面，如荷花、黄花鸢尾、千屈菜、菖蒲、香蒲、慈姑、梭鱼草等。

（2）浮叶型水生花卉　根状茎发达，花大，色艳，无明显的地上茎或茎细弱不能直立，而它们的体内通常储藏有大量的气体，使叶片或植株漂浮于水面，如睡莲、王莲、萍蓬草、芡实、荇菜等。

（3）漂浮型水生花卉　根不生于泥中，植株漂浮于水面之上，随水流、风浪四处漂泊，如大藻、凤眼莲、槐叶萍、水罂粟等。

（4）沉水型水生花卉　根茎生于泥中，整个植株沉入水体之中，通气组织发达，如黑藻、金鱼藻、狐尾藻、苦草、菹草之类。

第一节　繁　　殖

水生花卉一般采用播种法和分株法进行繁殖。

1. 播种繁殖

大多数水生花卉的种子干燥后即丧失发芽力，需在种子成熟后立即播种或储于水中或湿处。少数水生花卉种子可在干燥条件下保持较长的寿命，如荷花、香蒲、水生鸢尾等。水生花卉一般在水中播种。具体方法是将种子播于有培养土的盆中，盖以沙或土，然后将盆浸入水中，浸入水的过程应逐步进行，由浅到深。刚开始时仅使盆土湿润即可，之后可使水面高出盆沿。水温应保持在18～24℃，王莲等原产热带者需保持24～32℃。种子的发芽速度因种类而异，耐寒性种类发芽较慢，需3个月到1年，不耐寒种类发芽较快，播后10天左右即可发芽。播种可在室内或室外进行，室内条件易控制，室外水温难以控制，往往影响其发芽率。

2. 分株繁殖

水生花卉大多植株呈丛状或具有地下根茎，可直接分株或将根茎切成数段进行栽植。分根茎时注意每段必须带顶芽及尾根，否则难以成株。分栽时期一般在春秋季节，有些不耐寒者可在春末夏初进行。

第二节 栽培管理

栽培水生花卉的水池应具有丰富、肥沃的塘泥，并且要求土质黏重。新开挖的池塘必须在栽植前加入塘泥并施入大量的有机肥料。盆栽水生花卉的土壤也必须是富含腐殖质的黏土，栽植前施足基肥。栽植水生花卉的池塘，缸栽后沉到池中布置，也可直接栽于池中，秋冬挖起储藏。

半耐寒性水生花卉，栽于池中时，冰冻之前提高水位，使植株周围尤其是根部附近不能结冰。少量栽植时可行缸植放入水池特定位置观赏，秋冬取出，倒出积水，冬天保持土壤不干，放置于不结冰处即可。

耐寒性水生花冬季一般不需特殊保护，对休眠期水位没有特别要求。

第三节　实　例

一、荷花

1. 形态特征及习性

荷花别名莲、芙蓉、藕，为睡莲科、莲属多年生挺水花卉。地下部分具根茎（藕），肥大多节，横生于水底泥中。节间内有多数孔眼，节部缢缩，生有鳞片及不定根，并由此抽生叶、花梗及侧芽。叶盾状圆形，表面深绿色，被蜡质白粉，背面淡绿色，全缘或稍呈波状。叶柄圆柱形，密生倒刺。花单生于花梗顶端、挺出立叶之上，花色有白、粉、深红、淡紫色或间色等变化，雄蕊多数，雌蕊离生，埋藏于倒圆锥状海绵质花托内，花托表面具多数散生蜂窝状孔洞，受精后逐渐膨大成为莲蓬，每一孔洞内生一小坚果（莲子）。花期6～9月，果熟期9～10月（图7-1）。

图7-1　荷花形态

荷花性喜阳光和温暖环境，但耐寒性也很强，通常8～10℃开始萌芽，14℃藕鞭开始伸长；23～30℃为生长发育的最适温度，开花需高温；25℃下生长新藕，即在立秋前后气温下降时转入长藕阶段。荷花喜湿怕干，缺水不能生存，但水淹没立叶则生长不良。喜肥土，尤喜磷、钾肥，氮肥不宜过多，要求富含腐殖质及微酸性壤土和黏质土壤。

2. 用途

荷花花叶清秀，花大色艳，花香四溢，赏心悦目。它中通外直，不蔓不枝，迎骄阳而不惧，出污泥而不染，是人们心目中真善美的化身。荷花是良好的美化水面、点缀亭榭的花卉，也是重要的经济作物。藕、莲子是营养丰富的滋补品。荷花又宜缸植、盆栽，可用于布置庭院和阳台（图7-2）。

图7-2 荷花用途

3. 繁殖

荷花以分株繁殖为主，为培育新品种也可进行播种繁殖。

主藕、子藕、孙藕均可用作种藕，每2～3节切成一段作为种藕，每段必须带顶芽和保留尾节。池栽前先将池水放干，翻耕池土，施入基肥，然后灌入数厘米深的水，将种藕顶芽一律朝向池心，用手指保护顶芽以20～30度斜插入池塘内。若不能及时栽种，应将种藕放在背风寒、背阴处，覆盖稻草，洒上水以保持藕体新鲜。若缸植时，选好缸后，缸底施入基肥，再装入富含腐殖质的塘泥、河泥或稻田泥至缸深2/3处，然后将根茎沿缸内周边栽入，再加水晒，致使种藕和泥土密结不易漂浮。以后随着生长逐渐加水至盛夏灌满缸。初冬将缸水倒出，移入地窖或冷室，保持土壤湿润即可越冬。

4. 栽培管理

（1）光照 荷花喜光、喜通风好的环境。因此它的养护场地一定要光照充足，荷花盆摆放要注意拉开间距，最小盆距20厘米，便于通风透光及立叶生长。

（2）施肥 荷花喜肥，塘池栽培时，一般不施追肥。盆、缸栽植时，若基肥充足，也不必追肥。生长期如叶片发黄或淡绿，而且质薄，应施追肥，但务必掌握薄肥勤施的原则。一般10天左右追施1次。要是叶片浓绿、厚，则表明不缺肥，可不追施，一般一个生长季最多追施3次，肥过量，藕易烂，荷叶易焦边死亡。

（3）过冬　入冬以后，将盆放入室内或埋入冻土层下即可，黄河以北地区除埋入冻土层以下还要覆盖农膜，整个冬季要保持盆土湿润。

（4）塘池栽植　塘池栽植荷花还需解决鱼、荷共养以及不同品种混植的问题。若想塘内鱼荷共茂，应在塘池内分割出一部分水面栽荷，使荷花根茎限制在特定范围内，避免窜满池塘。若想同池栽植多个品种，就需在池塘底砌1米左右略低于水面的埂，每埂圈内种植一个品种，这样就可避免生长势强盛品种的根茎肆意穿行。

二、香蒲

1. 形态特征及习性

香蒲别名东方香蒲、蒲菜、水蜡烛、猫尾草，为香蒲科、香蒲属多年生草本挺水花卉。香蒲分布于我国东北、华北及华东地区，在欧洲及北美部分地区也有分布。香蒲地下具粗壮、匍匐生长的根茎，须根，地上茎直立，细柱状，不分枝，高1.5～2.5米，尖端渐细，叶基部呈鞘状抱茎，质厚而轻。花单性，同株。穗状花序呈

蜡烛状，浅褐色，其花序上部为雄花序，下部为雌花序，中间间隔3～7厘米裸露的花序轴。小坚果椭圆形至长椭圆形。果皮具长形褐色斑点。种子褐色，微弯。花果期5～7月（图7-3）。

香蒲适应性强，对环境要求不严，性耐寒，喜阳，喜生于肥沃的浅水湖

图7-3　香蒲

塘或池沼泥土内，适宜水深为1米以下。香蒲叶长如剑，宜水边栽植或盆栽，其花序可作切花或干花。

2. 用途

香蒲叶绿穗奇，常用于点缀园林水池、湖畔，构筑水景，宜作花境、水景背景材料，也可盆栽布置庭院。因为香蒲一般成丛、成片生长在潮湿多水环境，所以，通常作为配景材料运用在水体景观设计中。香蒲与其他水生花卉按照它们的观赏功能和生态功能进行合理搭配设计，能充分创造出一个优美的水生自然群落景观。另外，香蒲与其他一些野生水生花卉还可用在模拟大自然的溪涧、喷泉、跌水、瀑布等园林水景造景中，使景观野趣横生，别有韵味。

3. 繁殖

香蒲常采用分株法繁殖。春季3、4月发芽时将地下根茎挖出，切成数段，每株带有一段根茎或须根，选浅水处，重新栽植于泥中，很易成活。栽后注意浅水养护，避免淹水过深和失水干旱，经常清除杂草，适时追肥。一般栽植3～5年后，由于生长旺盛，根茎生长过密交织在一起，生长势逐渐衰弱，应挖出重新种植。

4. 栽培管理

（1）越冬保护　香蒲是水生宿根作物，生长过程需水较多。对气温反应敏感，秋季蒲株地上部逐渐枯黄，但根状茎的顶芽转入休眠越冬，待翌年气温适宜时再萌发。整个生育期划分为萌发、分株和抽薹开花三个时期。萌芽时期要求气温最低为10℃，达到15℃时有利于蒲芽生长，分株时期是指各母株基部密集节上腋芽的萌发与生长，一般每个母株当年可繁殖5～10个分株，抽薹开花与分株不是截然分开的，蒲田在分株时期已有部分蒲株开始抽薹开花。冬季地上部分枯死，地下根茎留存于土里，自然越冬。

（2）病虫害防治　发生黑斑病要加强栽培管理，及时清除病叶。发病较严重的植株，需更换新土再行栽植，不偏施氮肥。发病时，可喷施75%的百菌清600～800倍液防治。发生褐斑病要清除残叶，减少病源。发病严重的可喷施50%的多菌灵500倍液或用80%的代森锌500～800倍液进行防治。

三、荇菜

1. 形态特征及习性

荇菜别名莕菜、水镜草、水荷叶、莲叶莕菜，为龙胆科、莕菜属多年生草本水生漂浮花卉。荇菜原产我国，日本、俄罗斯及伊朗、印度等国也有分布。

荇菜枝条有二型，长枝匍匐于水底，如横走茎；短枝从长枝的节处长出。茎细长，柔软，多分枝，茎节处生须根扎入泥中。叶互生，卵圆形，叶片基部心形，边缘微波状。叶片表面绿色，具光泽，叶背紫色，叶片平浮于水面上，下表面紫色，基部深裂成心形。伞形花序从叶腋处抽生，花梗细长，小花黄色，5瓣，花瓣边缘具睫状毛。花期6～10月。蒴果扁圆形，内含多数种子，种子扁平状，边缘细齿状有刚毛（图7-4）。

图7-4　荇菜

荇菜多生于温带、热带的淡水中，在池塘、湖泊的浅水岸边或积水洼地均有野生分布。其性耐寒，极强健。荇菜适生于多腐殖质的微酸性至中性的底泥和富营养的水域中，土壤pH值为5.5～7。在肥沃土壤及光线充足处生长良好。常见变种有水皮莲（植株较小）、金眼莲花（茎不分枝，白色花多）。它们都是水面绿化的良好材料，绿色叶片浮于水面，朵朵黄、白色小花点缀其间，十分雅致。

2. 用途

荇菜叶片形似睡莲，小巧别致，鲜黄色花朵挺出水面，花多、花期长，花大而美丽，是庭院点缀水景的佳品，可用于绿化美化水面。

3. 繁殖

（1）播种繁殖　荇菜再生力相当强，其种子可自播繁衍。盆栽视盆的大小和植株拥挤情况，每2～3年要分盆1次。冬季盆中要保持有水，放背风向阳处就能越冬。

（2）扦插繁殖　荇菜扦插在天气暖和的季节进行，把茎分成段，每段2～4节，埋入泥土中。容易成活，它的节茎上都可生根，生长期取枝2～4节，扦于浅水中，2周后生根。

（3）分株繁殖　荇菜分株繁殖简便，于每年3月在生长季用刀将较密的株丛匍匐茎切割开，重新栽植，即可形成新植株。

（4）水培繁殖　荇菜在水池中种植，水深以40厘米左右较为合适，盆栽水深10厘米左右即可。

4. 栽培管理

以普通塘泥作基质，不宜太肥，否则枝叶茂盛，开花反而稀少。如叶发黄时，可在盆中埋入少量复合肥或化肥。平时保持充足阳光，盆中不得缺水，不然也很容易干枯。荇菜有很强的适应性，常处于半野生状态，一般不需过多人工管理。

荇菜管理较粗放，生长期要防治蚜虫。可用0.01%～0.015%鱼藤精喷杀。

四、凤眼蓝

1. 形态特征及习性

凤眼蓝别名凤眼莲、石莲、水浮莲、水葫芦，为雨久花科、凤眼蓝属多年生漂浮草本花卉。原产于南美，我国已广为栽培。凤眼蓝对环境适应性强，在水中、泥沼、洼地均可生长，而以水深30厘米、水流速度不大的浅水域为宜。凤眼蓝生于较深水域时，其须根发达，悬垂于水中。茎极短。叶丛生，卵圆形全缘，鲜绿色，质厚，具光泽，叶柄长10～20厘米，中下部膨胀呈葫芦状的海绵质气囊。若生于浅水域，即可扎于泥中，植株挺水生长，叶柄无气囊形成。叶基部具有一鞘状苞叶。花单生，短穗状花序，花蓝紫色，上部裂大，具蓝黄色斑块，故名凤眼蓝。花期8～9月。有大花和黄花变种（图7-5）。

凤眼蓝性喜温暖、阳光充足的条件，适宜水温为15～23℃，不耐寒，冬季需保留母本植株于室内盆栽越冬。

图7-5 凤眼蓝

2. 用途

凤眼蓝具有一定药用价值。全草可入药。春、夏采集，洗净，晒干备用或鲜用。

3. 繁殖

（1）**播种繁殖** 凤眼蓝可以利用种子繁殖，但栽培实践中很少应用。凤眼蓝在夏季室外自然水域中生长良好，但由于其自身繁殖迅速，往往造成生长过密，出现烂叶或影响水面倒影效果等现象。这时应及时捞出一部分植株。

（2）**分株繁殖** 凤眼蓝繁殖速度快，单株一年中可布满几十平方米的水面。以分株繁殖最为方便而常用。春季，将室内保存的母株株丛分离或切取带根的小腋芽，投入水中从而形成一个新的植株，极易成活。

4. 栽培管理

（1）盆栽　若夏季作盆栽，则可在花盆底部放入腐殖土或河泥，施入基肥后放水，使水深至30厘米左右，而后将植株放入。

（2）保护越冬　秋季，当气温下降到10℃以下时，凤眼蓝植株停止生长，茎叶逐渐变黄，这时选生长健壮、无病虫害的植株留作母本，保护越冬。首先在浅缸或木盆底放些肥沃河泥，而后加浅水将种株放入其中并放置于较温暖的室内，温度保持在7～10℃，注意给予充足的光照，否则易腐烂。

参考文献

[1] 张克中.花卉学.北京：气象出版社，2006.

[2] 刘燕.园林花卉学.第二版.北京：中国林业出版社，2009.

[3] 马西兰.观叶植物种植与欣赏.天津：天津科技翻译出版公司，2012.

[4] 陶克，赵存才等.品味花木.北京：中国林业出版社，2012.

[5] 康亮.园林花卉学.第二版.北京：中国建筑工业出版社，2008.

[6] 陈雅君，毕晓颖.花卉学，北京：气象出版社，2010.

[7] 张鲁归等.家庭花卉选择.上海：上海科学普及出版社，2010.

[8] 郭世荣.无土栽培学.第二版.北京：中国农业出版社，2005

[9] 金波.花卉宝典.北京：中国农业出版社，2006.

[10] 霍文娟，李仕宝等.家庭水培花卉养护.天津：天津科技翻译出版公司，2012.

[11] 凤莲，向敏等.家庭养花实用大全集.北京：新世界出版社，2011.

[12] 曹春英.花卉栽培.第二版：北京：中国农业出版社，2010.

[13] 石爱平，刘克峰，柳振亮.修订版.花卉栽培.北京：气象出版社，2006.

[14] 李作文，关正君.园林宿根花卉400种.沈阳：辽宁科学技术出版社，2007.

[15] 黄元森等，易养花卉的59种要领，济南：山东科学技术出版社，2007.